「健康食品」ウソ・ホント

「効能・効果」の科学的根拠を検証する

髙橋久仁子　著

ブルーバックス

カバー装幀／芦澤泰偉・児崎雅淑
カバーイラスト／添田あき
本文デザイン・図版制作／鈴木知哉＋あざみ野図案室

はじめに

食品というものは本来、私たちにおいしさと栄養素を提供してくれるものであり、これが最も重要な役割です。しかし、昨今の世の中には、食品に対する「機能性幻想」が蔓延しています。食品中に含まれる、栄養素ではないけれど、病気の予防や健康維持に有効ではないかと類推される物質が「機能性成分」としてもてはやされ、それを摂取すれば、容易に健康が得られるかのような〝錯覚〟です。

この機能性成分が配合され、健康に対するなんらかの「良い効果」を期待して経口的に摂取する商品を「健康食品」と総称しています。錠剤やカプセル等の商品を「サプリメント」とよびわける風潮もありますが、すべてまとめて「健康食品」です。食の醍醐味の一つである味についてはほとんど論じられることのないそれらを「食品」の範疇《はんちゅう》に含めていいのかという単純な疑問はさておき、新聞・雑誌、インターネット、テレビ等を介して莫大な量の広告が流されています。

「健康食品」は、表向きはあくまでも「食品」なので、それを利用することでどのような「良いこと」がもたらされるのかについて明記することはできません。そこで、「行間を読ませる」手法が暗躍しています。すなわち、決定的なことは何も書いていないのに、なんとなくそういう「効果」があるようだと消費者に印象づける宣伝手段です。「若々しくありたい方に○○を」と書いてあるだけなのに「○○で若々しくなれる」と思ってしまう、「△△を減量のおともに」とあれば「△△で減量できる」と解釈してしまうのは、まさに行間を読まされているからです。

1991年に「特定保健用食品（トクホ）」制度が導入され、「健康食品」の「効能・効果」の謳い方に変化が訪れました。国の審査に合格した商品は、許可された範囲内でその機能性を表示できるようになったのです。「血圧が高めの方に適した食品です」「おなかの調子を整える食品です」といった文言が記載された商品が多数、世の中に出回ることになりました。

10年後の2001年には、特定のビタミンやミネラルを基準量の範囲内で含む商品は「栄養機能食品」としてその栄養成分の機能を表示してよいことになり、これとトクホを合わせて「保健機能食品」となりました。

さらに、2015年4月からは「機能性表示食品」という新たな枠が設けられ、「機能性を表示できる」と国が認めた保健機能食品は計3種類となっています。これら以外の「健康食品」は機能性を表示できず、すべて、いわゆる「健康食品」という扱いです。

「健康食品」が展開する巧妙な広告は、「ふつうの食事」だけでは「何かが足りない」かのように不安を煽り、健康維持には機能性成分を配合した「健康食品」が欠かせないと、消費者の購買欲をそそります。しかし、「体に良かれ」との思いから摂取した「それ」が、実は「余計なモノ」「危険なモノ」かもしれないことへの関心は低いようです。科学的根拠の有無にかかわらず、「健康食品」の〝有益性〟に関する情報だけは大量に提供されている一方、〝有害性〟に関する情報に消費者が接する機会はきわめて乏しいことがその一因でしょう。

トクホ制度が始まって25年＝四半世紀が経過しました。栄養機能食品の登場からも15年がたちますが、これらが国民の健康状態の向上に寄与しているのか否かについては何の検証も行われていません。そして、開始後1年の機能性表示食品にも、すでに問題が山積しています。

そのような保健機能食品をめぐる状況に、私たちはどう向き合えばいいのでしょうか。

何が含まれているのかよくわからない素性の怪しい「健康食品」はたくさんあり、それはそれでもちろん大問題です。では、「国」が「機能性を表示してよい」と認めた保健機能食品は信頼に値するものなのでしょうか？　――本書では、この疑問に的を絞って考えていきます。

序章でまず、「機能性幻想」を概観し、第1章でいわゆる「健康食品」の問題性を列挙しました。続く第2章ではトクホの「効果」の程度と宣伝広告の問題を、第3章ではトクホと対比しながら機能性表示食品の問題性を考えました。第4章では栄養機能食品を取り上げ、しめくくりとなる終章で「健康食品」とは一線を画して、健康に配慮する食生活のあり方を考察しています。

時代のキーワードの一つである「健康」をもてあそぶかのように展開されるさまざまなビジネスのうち、保健機能食品を含む「健康食品」に関して、科学の視点に立って物申したのが本書です。はたして「健康食品」で健康が買えるのか否か――冷静に考える材料となれば幸いです。

もくじ

第2章 トクホの〝罠〟――〝科学的根拠〟を解読してわかったこと 81

第3章 〝第三の保健機能食品〟「機能性表示食品」を考える 141

第4章 「栄養機能食品」を再点検する 189

終章 「ふつうに」食べましょう

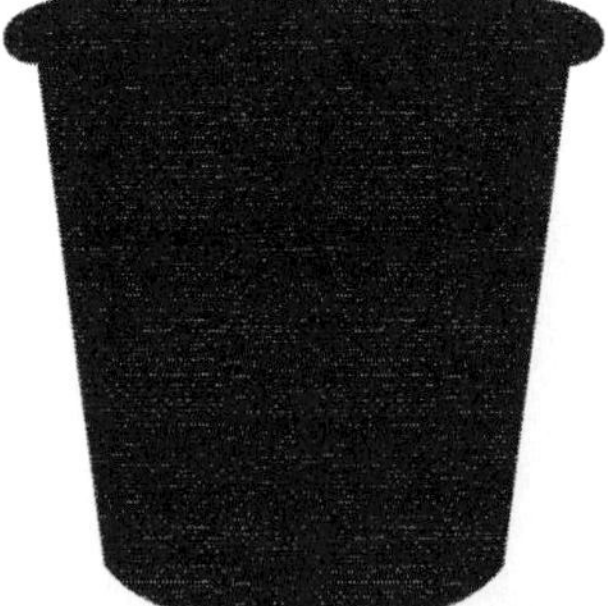

序章

健康志向にしのびこむ「機能性幻想」

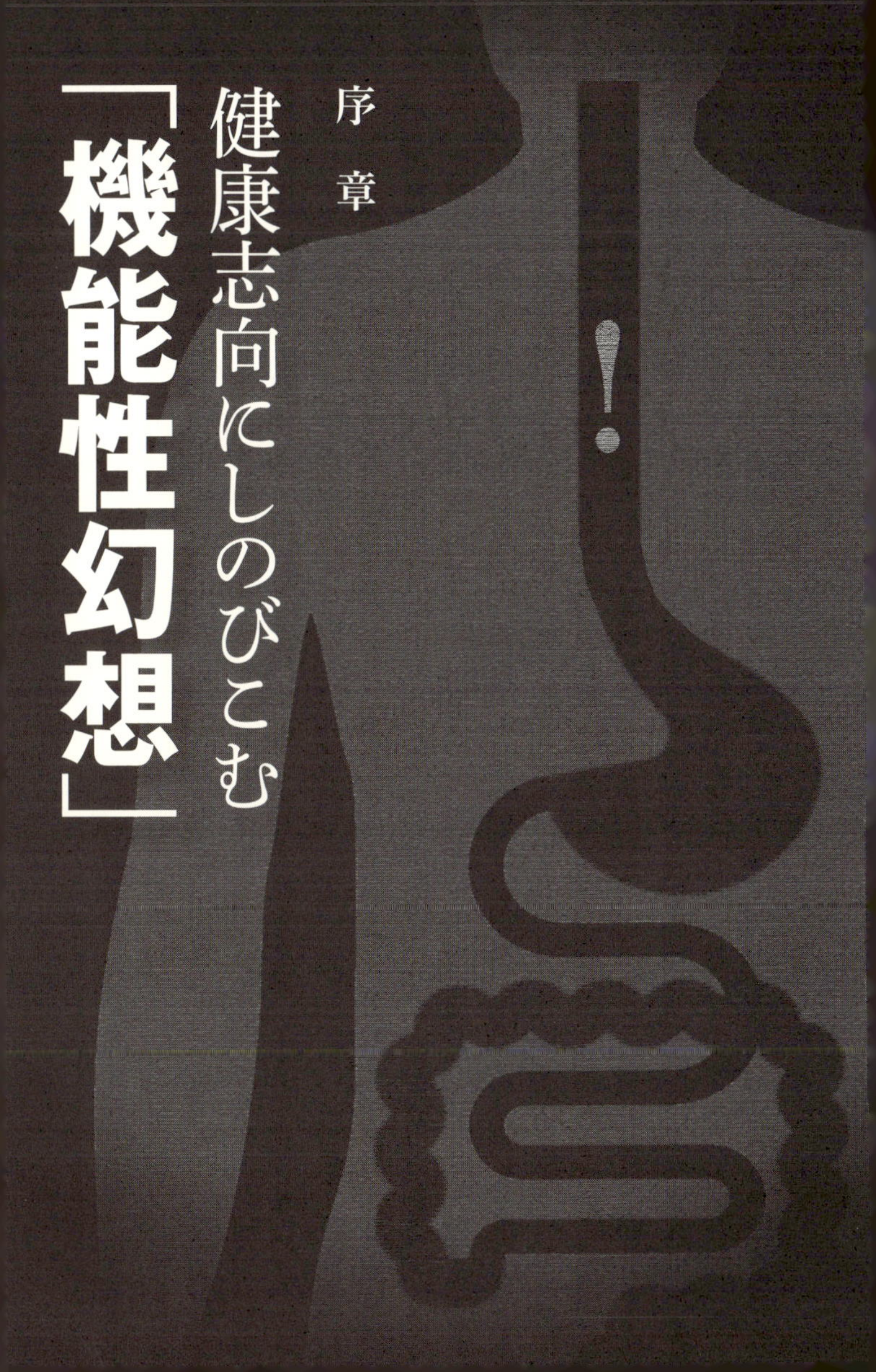

！序－1 蔓延する機能性幻想

▼食生活は健康や病気に大きく影響します！

まず確認しておきたいのは、「食生活は健康に大きく影響する」ということです。これは紛れもない事実です。私たちの身体はすべて、それまでに食べてきた食べものをもとにできあがっています。

身体を物質的にとらえると、「栄養素の蓄積物」にほかなりません。肉眼的には見ることのできない1個の受精卵が約3kg、約50cmの新生児として誕生するのは、母体血を介して栄養素が供給されるからです。そして約20年をかけて大人の体になるのは、日々食べ続ける栄養素が蓄積されていくことを意味しています。

骨格は、タンパク質と無機質（ミネラル）からなります。「骨といえば無機質」と思い込みがちですが、コラーゲンというタンパク質に無機質が沈着して初めて、しっかりした骨になります。筋肉や内臓、皮膚は、タンパク質が主な成分です。皮下脂肪も大事な体の一部であり、主な成分は脂質です。生命活動全般には、これらに加えて炭水化物とビタミンが関わることになります。

炭水化物・タンパク質・脂質の三つは「エネルギー産生栄養素」であり、「三大栄養素」とよばれています。炭水化物とタンパク質は1gについて4キロカロリーを、脂質は9キロカロリーを発生します。

三大栄養素にビタミンと無機質を加えて「五大栄養素」とよぶことは、義務教育の段階で誰もが学びます。これら五大栄養素を食事から適切に摂取することを心がけていれば、それ以外のわずかに必要とする物質はだいたい付随してきます。ところが現在、五大栄養素を食事から適切に摂取することよりも、ごくごく微量に必要な物質、いわゆる「機能性成分」に過剰なまでの関心と期待が集まっている状況が生まれています。

エネルギーや栄養素は、自分の体に必要な、適正な量を摂取することが大事です。多すぎても少なすぎてもいけません。

不足すると発育不良や痩《や》せ、生理機能不全や感染症への抵抗力の低下といった問題を引き起こします。栄養失調のために感染症にかかりやすくなるという状況は、今の日本ではあまり考えられないことですが、発展途上国ではこんにちにおいてなお大きな問題となっています。そして、食べるものがたくさんある日本を含めた先進工業諸国においても、偏《かたよ》った食事法にのめり込んだ人々が自らを、あるいは乳幼児を栄養失調状態に追いやって、健康状態を悪化させている事例が存在します。

一方で、摂取エネルギーが消費エネルギーを上回る状況が継続すると、肥満やそれに伴う健康障害が起こることは周知の事実です。そして、ビタミンや無機質等の栄養素も、余計に摂りすぎれば過剰症が起こるものもあります。繰り返しますが、多すぎてもいけないし、少なすぎてもいけないのです。適正量を摂る——何よりもこれが大切なことです。

ところが世の中の関心は、食品中の微量成分、いわゆる「機能性成分」に向けられています。そしてその「機能性成分」を摂取すれば、あたかもその「機能性」が得られるかのような大いなる誤解が蔓延しています。特にこの二十数年間は、その蔓延を助長するような制度がつくられてきました。

▼制度化された機能性幻想

2015年4月から、「機能性表示食品」という新しい制度が始まりました。詳細は第3章の「〝第三の保健機能食品〟『機能性表示食品』を考える」に譲りますが、食品成分に対する「機能性幻想」を制度化したものといえるでしょう。「食品は五大栄養素以外にも多様な機能性成分を含んでいて、生体機能の調節や生活習慣病予防の機能があることがわかってきている。だから、それらを積極的に摂取すると健康になれる」という論です。

食品には三つの機能があり、エネルギーや栄養素のはたらきを一次機能、嗜好面でのはたらきを二次機能、生体調節系や疾病予防でのはたらきを三次機能とする「食品機能論」は、１９８０年代半ばに登場しました。ここでいう三次機能に関わる食品中の物質、すなわち、生活習慣病などを予防し、疾病リスクを軽減するとされる食品成分が「機能性成分」であり、栄養素や嗜好成分ではありません。

では、機能性成分を含む食品を食べれば、私たちの体内でその機能性が発揮されるのでしょうか？

たとえば、食品「A」が物質「B」を含んでいて、「B」の機能性として「Bは、厳しい環境や外敵から身を守る生体防御のためにつくり出された物質なので抗菌作用があります。また、強い抗酸化作用もあり、発がんを抑制する効果や老化防止作用、毛細血管を丈夫にする作用、抗アレルギー作用等が報告されています」という説明があったとしましょう。

それに続くのは、「だから『A』には抗菌作用や強い抗酸化作用、発がんを抑制する効果や老化防止作用、毛細血管を丈夫にする作用、抗アレルギー作用がある」というロジックです。

単純に信じてしまいそうですが、ここで考えなければならないのは、列挙された物質「B」の「機能性」が、どのような実験条件で、どのような量をどれくらいの期間、与えたときに発現するものなのかを冷静に見極めることです。はたして、常識的な量の「A」を食べることで、その「機能性」は発揮されるのでしょうか？

――おそらくそれはありえないでしょう。常識的な摂取量に、その「機能性」を発揮する量の物質が含まれていたら、逆に怖ろしいことです。

たとえば、ラットのエサにニガウリ（ゴーヤ）の乾燥粉末を添加して約5週間食べさせたところ、血糖値が約30パーセント低下したという研究がありました。この実験結果から、「ニガウリには血糖値を下げる機能性成分が含まれる」ということはできます。

しかし、この実験でラットが毎日食べたニガウリの量を体重50kgのヒトに換算すると、生のニガウリ9・5kgに相当するのです。ニガウリ1本は200g程度ですから、9・5kgものニガウリはとうてい、毎日食べられる量ではありません。常識的な量のニガウリを食べても、血糖値が下がることはないのです。

また、たとえば「強い骨をつくる」などの機能性の表示が、健康の増進に役立つという考え方そのものにも問題があります。そもそも「強い骨」は、ある特定の食品成分を食べただけでつくられるものではありません。適切な食生活と適度な身体活動の実践、そして一定量の日光を浴びることなどが欠かせないのです。機能性の表示によって「これを食べるだけで強い骨をつくれる」などの〝幻想〟を消費者に与え、生活全般に見直しが必要であることを忘れさせてしまうことは問題です。

「体重を減らすのを助ける」といった表示にも、同様のことがいえます。多めの体重を減らすには、何よりもまず、食事量を少し減らして身体活動量を少し増やすことです。それを実践したうえで、そのように機能性を表示する食品を利用するのなら、まだいいでしょう。でも、多くの人はその食品を摂ることを〝免罪符〟にしてしまいます。「これを飲んだからもう少し余計に食べてもいいよね。運動もしなくていいよね」と、自らに甘えを許す理由にしてしまうのです。みなさんにも、思い当たるフシはありませんか？

▼食品の良し悪しは「食べ方」で決まる

仕事柄、「〇〇って体に良いんですか？」（〇〇は食品、または食品成分）と、質問されることがよくあります。正直にいって、そのたびに返答に窮しています。なぜなら、どんな食品でも、一般論として単純に「体に良い／悪い」と断定できないからです。「あなたは『それ』に何を期待しているのですか？」と問い返してからでないと、誠実に答えることができません。

ある特定の食品が体に「良い」か「悪い」かは、「それを食べるのは誰か」によって個別に判断しなければなりません。たとえ同じ人であっても、ある状況では「良い」ものが、別の状況では「悪い」こともありえます。

たとえば、甘いチョコレートそれ自体が「体に良い／悪い」という絶対的な価値をもつわけではありません。チョコレートは、砂糖も脂質もたっぷり含む食品です。ハイキングや運動をしている最中のように、迅速にエネルギー補給したい場合には「良い」食品ですが、就寝前に食べるのはどうでしょうか。「悪い」といわざるを得ない場合がほとんどでしょう。

「玄米は精白米より体に良い」はどうでしょう?

玄米は果皮や胚芽を取り除いていないため、精白米よりも多様な栄養成分を含んでいますが、消化・吸収に難があります。胃腸が丈夫で食欲旺盛な人であれば、食べすぎ防止の効果をもつ点などを含めて「良い」といえるかもしれません。しかし、胃腸があまり丈夫でない小食の人の場合には、玄米では十分な量を食べることができず、総エネルギーやタンパク質、脂質の不足等を招きかねません。このようなケースでは、「悪い」と判断することもありうるのです。

加えて、「味わい」も無視することはできません。玄米ご飯をおいしいと感じる人はそれでけっこうです。でも、そうは思わない人が「健康のためにはまずくても仕方ない」と我慢して食べるのは、少々悲しい気がします。

食品を「良い／悪い」と二分し、「良い」といわれるものだけを食べ、「悪い」とされるものを排除しても、決して「良い食生活」になるわけではありません。「ヘルシー」をウリにする食品がいろいろありますが、「ヘルシーといわれる食品」を集めて片っ端から食べたとしても、「ヘルシーな食生活」が実現するわけではありません。食生活全体の調和がとれて初めて、「ヘルシーな食生活」になるのです。

それぞれの食品には、栄養素の含まれ方や消化性などにさまざまな違いがあります。その特徴を知り、「今の自分」との関係を十分に考えて選び、量に配慮して食べる。これこそが何よりも重要です。ある食品を体に「良いもの」にするのも「悪いもの」にするのも、私たち一人ひとりの「食べ方」が決めるのです。

！序－2　いわゆる「健康食品」と「保健機能食品」はどう違う？

▼保健機能食品の登場は1991年

栄養的価値や味わい、香り、おいしさなどではなく、何らかの「体に良い」を期待して経口摂取する商品を「健康食品」と総称しています。実は、法律的にも学術的にも定義はなく、「いわゆる健康食品」「栄養補助食品」あるいは「健康補助食品」など、さまざまなよび方がされています。これらのうち、医薬品を連想させる錠剤やカプセル、粉末等の形態をした商品を「サプリメント」とよびわける風潮もありますが、すべてひっくるめて「健康食品」です。

かつて、食品には「効能・効果」的な文言、すなわち「機能性」を表示することはできませんでした。しかし、1991年に「特定保健用食品（トクホ）」が誕生し、当時の厚生省の審査

（現在は消費者庁の審査）に合格すれば、「この食品を摂取するとこのような保健効果が期待できると表示してよい」ことになりました。

食品に対して、「体脂肪が気になる方に適しています」「おなかの調子を整える食品です」「血糖値が気になる方に適しています」などの表示をすることが可能となったのです。

その10年後の２００１年には、「栄養機能食品」制度が始まりました。栄養成分補給のために利用される食品で、その栄養成分の機能を表示するものです。発足当時は、12種類のビタミン類（ビタミンA、B_1、B_2、B_6、B_{12}、C、D、E、ナイアシン、ビオチン、パントテン酸、葉酸）と2種類のミネラル（鉄、カルシウム）のいずれか一つ、もしくは複数を基準値以内の量で含んでいれば、所轄官庁への届出不要でその栄養機能を表示できるというものでした。

たとえば、「カルシウムは、骨や歯の形成に必要な栄養素です」とか「ビタミンCは、皮膚や粘膜の健康維持を助けるとともに、抗酸化作用を持つ栄養素です」といった表現です。先行していた「トクホ」と「栄養機能食品」を合わせて、「保健機能食品」制度となりました。

そして２０１５年の4月1日には、前述の「機能性表示食品」制度が発足し、「企業等の責任において科学的根拠のもとに機能性を表示できる」ことになりました。定められた書類を消費者庁に提出し、それらが形式的に整っていれば、内容そのものを審査されることなく、機能性を表示できるようになったのです。

この機能性表示食品の登場によって、「機能性を表示できる」、すなわち「効能・効果」的な文言を表示できる「保健機能食品」が3種類となりました。制度が始まって24年、すなわち四半世紀近くを経たトクホが、国民の健康増進に本当に役立っているか否かの検証をすることのないまま、経済活性化の口実のもとに新たな保健機能食品が付け加えられてしまったのです。

▼そもそも「食品」とは？

私たちが口から摂取するもののほとんどが「食品」です。

食品衛生法第4条第1項には、「この法律で食品とは、全ての飲食物をいう。ただし、医薬品、医療機器等の品質、有効性及び安全性の確保等に関する法律に規定する医薬品、医薬部外品及び再生医療等製品は、これを含まない」とあります（「医薬品、医療機器等の品質、有効性及び安全性の確保等に関する法律」は聞き慣れないかもしれませんが、旧・薬事法のことで2014年11月25日からこの名称となり、「旧・薬事法」「薬機法」「医薬品医療機器等法」と略称されています）。要するに、「医薬品」と「医薬部外品」以外は食品である、ということです（図序-1）。

食品はさらに、機能性を表示できる「保健機能食品」と表示できない「一般食品」に区分されます。保健機能食品ではない、いわゆる「健康食品」はたくさんありますが、機能性の表示がで

序-1　経口的に摂取する物質の区分

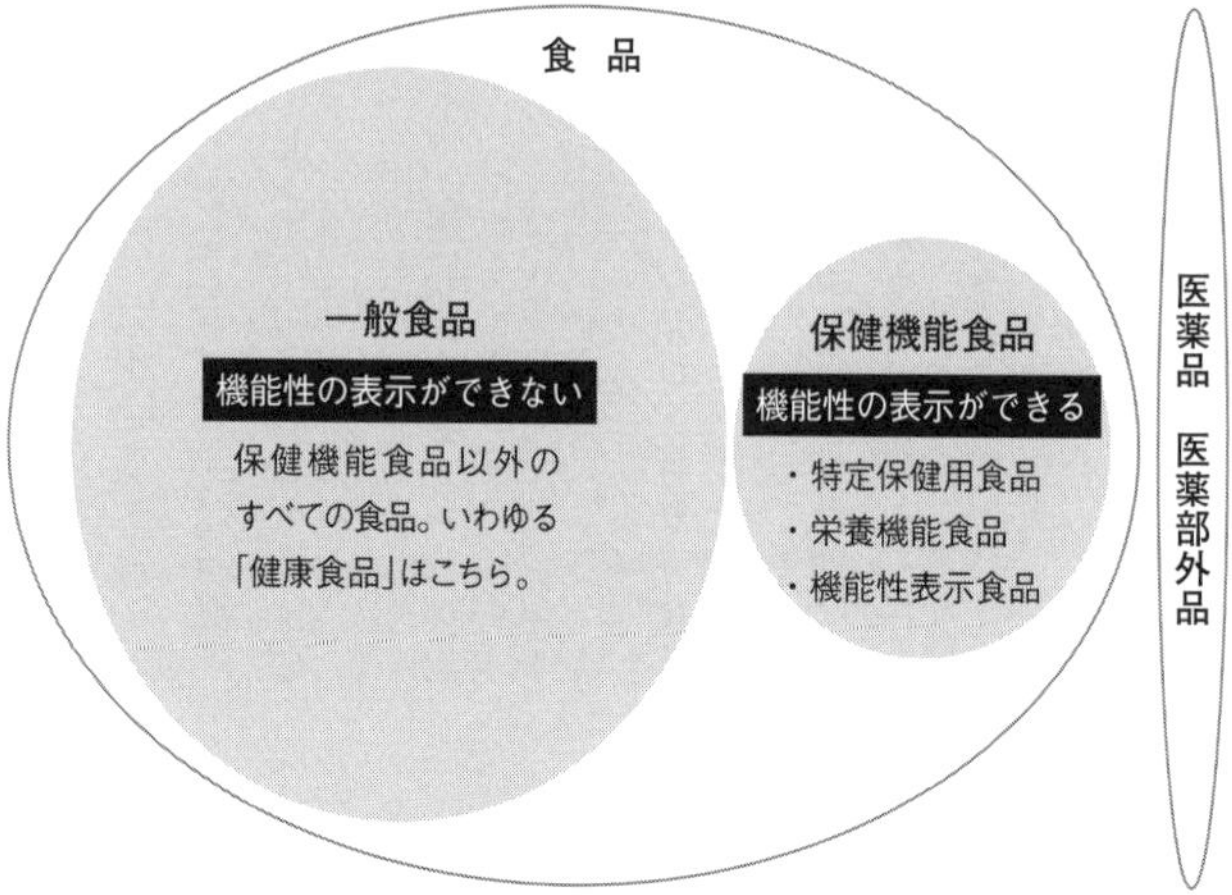

きないという意味ではあくまでも「一般食品」です。

また、「機能性食品」は必ずしも機能性表示食品ではありません。きわめて紛らわしいのですが、食品の機能性研究を行う領域の研究集団は、「機能性食品」とは「食品の三次機能を効率よく発揮するように設計・加工された新食品」であると定義しています。この定義に基づいてつくられた食品を消費者庁に届け出てそれが受理されれば、その機能性食品は同時に、機能性表示食品でもありますが、届出受理がなされていなければ単に機能性食品ということです。

ただし、あえて機能性食品といわなくても、機能性成分を配合したいわゆる「健康食品」は市場にあふれているのが現状です。

なお、保健機能食品とひと括《くく》りにしても、定義等に関する法律が異なるため、統一性はありません。表序－2は、それぞれの定義がどこに記述されているかを一覧表にまとめたものです。表向きは「国民の健康に資するため」とされていますが、トクホが一応は健康政策に基づくものである一方、機能性表示食品は経済活性化のためにつくられたものであり、成立背景が異なることがわかります。

保健機能食品は「国が定めた制度」に基づいているのだから、いわゆる「健康食品」よりその機能性は確かなものに違いない――こう期待する人が少なくありません。しかし、実際には期待するほどのものではないことを、以降の章で説明します。

▼きわめて小さいトクホの「効果」

トクホは消費者庁の審査を経た製品であり、許可された範囲内で保健効果を記載できます。すなわち、「トクホである」ことはヒトを対象に行った実験研究において、ある測定項目の値の差が、実験群と対照群とのあいだで「統計的に有意」であった（有意差があった）ことを意味しています。

しかし従来、この有意差が実用的に意味をもつのか否かは考慮されていませんでした。その証拠に、トクホの許可要件の一つは、制度が始まって以降2015年末まで「食生活の改善が図ら

特定保健用食品　1991年〜

健康増進法において「特別用途表示」とされ、内閣府令第57号の第二条の五では「特定保健用食品」

〈健康増進法〉

第二十六条

販売に供する食品につき、乳児用、幼児用、妊産婦用、病者用その他内閣府令で定める特別の用途に適する旨の表示（以下「特別用途表示」という。）をしようとする者は、内閣総理大臣の許可を受けなければならない。

〈健康増進法に規定する特別用途表示の許可等に関する内閣府令〉

（平成二十一年八月三十一日内閣府令第五十七号）

健康増進法に規定する特別用途表示の許可等に関する内閣府令を次のように定める。

第一条

特別の用途は、次のとおりとする

一　授乳婦用

二　えん下困難者用

三　特定の保健の用途

第二条の五

食生活において特定の保健の目的で摂取をする者に対し、その摂取により当該保健の目的が期待できる旨の表示をするもの（以下「特定保健用食品」という。）にあっては、当該食品が食生活の改善に寄与し、その摂取により国民の健康の維持増進が図られる理由、一日当たり摂取目安量及び摂取をする上での注意事項

栄養機能食品　2001年〜

〈食品表示法〉の〈食品表示基準〉（平成二十七年三月二十日内閣府令第十号）

第二条の十一

栄養機能食品　食生活において別表第十一の第一欄に掲げる栄養成分（ただし、錠剤、カプセル剤等の形状の加工食品にあっては、カリウムを除く。）の補給を目的として摂取をする者に対し、当該栄養成分を含むものとしてこの府令に従い当該栄養成分の機能の表示をする食品（特別用途食品及び添加物を除き、容器包装に入れられたものに限る。）をいう。

機能性表示食品　2015年〜

〈食品表示法〉の〈食品表示基準〉（平成二十七年三月二十日内閣府令第十号）

第二条の十

機能性表示食品　疾病に罹患していない者（未成年者、妊産婦（妊娠を計画している者を含む。）及び授乳婦を除く。）に対し、機能性関与成分によって健康の維持及び増進に資する特定の保健の目的（疾病リスクの低減に係るものを除く。）が期待できる旨を科学的根拠に基づいて容器包装に表示をする食品（健康増進法（平成十四年法律第百三号）第二十六条第一項の規定に基づく許可又は同法第二十九条第一項の規定に基づく承認を受け、特別の用途に適する旨の表示をする食品（以下「特別用途食品」という。）、栄養機能食品、アルコールを含有する飲料及び国民の栄養摂取の状況からみてその過剰な摂取が国民の健康の保持増進に影響を与えているものとして健康増進法施行規則（平成十五年厚生労働省令第八十六号）第十一条第二項で定める栄養素の過剰な摂取につながる食品を除く。）であって、当該食品に関する表示の内容、食品関連事業者名及び連絡先等の食品関連事業者に関する基本情報、安全性及び機能性の根拠に関する情報、生産・製造及び品質の管理に関する情報、健康被害の情報収集体制その他必要な事項を販売日の六十日前までに消費者庁長官に届け出たものをいう。

れ、健康の維持増進に寄与することが期待できるものであること」（傍点引用者）であり、決して「寄与するものであること」ではなかったのです。

たとえば、食後の血糖値の上昇を数ミリグラム抑制する保健効果をもつトクホがあった場合に、「これを食べることが将来的に糖尿病の予防につながるか否か」はまったく考慮されていませんでした。

もし、「健康の維持増進に寄与するものであること」を許可要件としたならば、許可されるトクホは存在しなくなってしまいます。私はかねて、あくまでも「寄与することが期待できる」という文言で煙に巻いていることを批判してきましたが、なんとその項目さえ、現在はなくなってしまいました。

トクホの許可要件は8項目から構成されており、以前にも多少の改変は加えられてきていたものの、「食生活の改善が……」のくだりは一貫して筆頭項目として掲げられてきました。ところが、2015年12月24日付の消費者庁次長名による通知「『特定保健用食品の表示許可等について』の一部改正について」で、この項目は「食品又は関与成分が、ビール等のアルコール飲料や、ナトリウム、糖分等を過剰摂取させることとなるものではないこと」に、そっくり書き換えられてしまったのです。

トクホは、医薬品ではなく食品です。したがって、「効果」は小さくて当然です。許可する側も、そのことは重々承知していますが、その効果の小ささが消費者に十分に伝えられていません。これが大きな問題です。許可要件として「健康の維持増進に寄与することが期待できるものであること」さえ要求されなくなった今、トクホの存在にどれほどの意義があるのか——疑問を禁じ得ません。

▼「栄養機能」をはたす成分は？

栄養機能食品については、制度が発足した当初よりも栄養素の種類が増え、2015年4月からは6種類のミネラル、13種類のビタミン、そしてn-3系脂肪酸（ω《オメガ》-3系脂肪酸）が対象となりました。栄養機能食品を名乗る商品の多くは、ビタミンあるいはミネラルを容易に連想させる商品名となっていますが、「青汁コラーゲン」「クロレラ△△」などの商品名で「栄養機能食品（ビタミン○）」と記載したものもあります。

これでは、「栄養機能食品」としての根拠は、その商品が含有するビタミン（またはミネラル）であるにもかかわらず、消費者は「青汁」や「クロレラ」が機能性を表示できる保健機能食品の中の栄養機能食品であるかのように誤解するのではないでしょうか。心配しているところです。

▼機能性表示食品の「科学的根拠」は貧弱

機能性表示食品の「表示しようとする機能性」は、「目の調子を整える」「睡眠の質の向上」「疲労感の軽減」など、トクホでは認められていないものがすでにいくつも登場しています（156～157ページ表3－4参照）。

さらなる問題は、その「科学的根拠」が貧弱きわまりない点にあり、表現に問題のある広告もすでに散見されています。たとえば、「内臓脂肪を減らす」と機能性表示するヨーグルトの広告は、内臓脂肪面積の減少を図で示していながら、体脂肪率が増加したことには言及していません。「内臓脂肪面積は減りました。でも、体脂肪率は増えました」と書かなければ、ウソをついていることにならないでしょうか？

商品ごとに個別の審査を経て許可されたトクホでさえ、その機能性はわずかなものでしかないのです。食品とは本来そういうものであり、もしも医薬品なみの「効果」——すなわち機能性——を発揮したなら、こんどは副作用が心配になります。

冒頭でも述べたように、食生活は私たちの健康のありように大きく影響しますが、それは「食品機能論」的にいえば一次機能、すなわち「エネルギーや栄養素を適切に摂取することが健康に良い影響を与える」という意味においてです。食品の二次機能（嗜好面でのはたらき）や三次機能にのみ注目して、一次機能を無視するような食生活を送ったのでは健康は望めません。

エネルギーや栄養素を適切に摂取することの重要性を覆《おお》い隠してしまうかのような「機能性幻想」はもつべきではありませんが、残念ながら、これとは逆に幻想を煽《あお》るかのような制度が次々につくられてしまいました。

▼「食品」なのに「用法・用量」?

「健康食品」はかつて、「おいしい／まずい」に言及することがありませんでした。そのため、「味を云々しないものを食品の範疇《はんちゅう》に入れてはいけない」と主張することができました。

ところが、最近は少し事情が変わってきていて、たとえば「おいしい」ことをアピールする商品も目につくようになりました。そこで、もう一度考え直してたどり着いた結論が、「用法・用量」的な指示を必要とする製品を「食品」の範疇に含めてはいけない、です。

保健機能食品を含む「健康食品」類は、食品中のいわゆる「機能性成分」に着目してそれを配合した商品が多く、その有益性を発現させるために（同時に、有害性を発現させないために）、摂取量や摂取方法の指示が必要となります。通常の食品であれば、摂取量や摂取方法は個人が自由に決めるものですから、これにはかなりの違和感があります。

過剰摂取の有害性が明白であるアルコール飲料や食塩でさえ、摂取量や摂取方法は個人の判断にゆだねられています。ビール容器に「飲みすぎは禁物です。一日1本までを目安に食事と一緒にお飲みください」とか、醤油容器に「醤油は食塩量が多いので使用量は一日○mLまでにしましょう」などとは書かれていません。過剰に摂取すれば肥満を招きかねないチョコレートにも、「肥満防止のために一日○gまで」と書かれることはもちろんありません。

豆乳もまた、一つの食品です。豆乳を「ヘルシー」ともてはやす風潮には首をかしげていますが、それはさておいて、トクホの豆乳も存在します。ふつうの豆乳にはもちろん、「一日摂取目安量」などどこにも書かれていませんが、トクホ豆乳には「一日あたり200mLを目安にお飲みください」とあります。

ふつうの豆乳とトクホの豆乳をともに販売する会社に、「両者の違いを教えてください」と問い合わせてみました。

「いやあ、どちらも同じですよ。トクホ豆乳は申請して許可されたからトクホマークをつけて売っているだけです」

正直にこう答えてくれました。ほとんど同じ量の大豆タンパクが含まれている豆乳なのに、一方には摂取目安量があるというのもふしぎな話です。

用法・用量的な指示を要する時点で、すでに「食品」の領域を超えてしまっている——そう考えるのは私だけでしょうか。

序―3 「健康食品」利用者が健康のためにしていること

▼「栄養・運動・休養」の実践率からわかること

健康を保持・増進するための基本的な保健行動として欠かせないのが、「栄養・運動・休養」です。適切な食生活を営み、適度な身体活動を行い、十分な休養をとる。もちろん喫煙はせず、過度な飲酒もしないこと――基本中の基本であるこれらに加えて、人によっていろいろな「健康法」があります。「体に良かれ」と考えて「健康食品」を保健行動の一つとして利用している人もいるでしょう。

少し前になりますが、2010年の秋に「健康食品」類を利用している人の保健行動の特徴を知ることを目的にアンケート調査を行ったことがあります。回答者は主に、東日本在住の20歳以上（20代5・4パーセント、30代9・0パーセント、40代32・0パーセント、50代35・6パーセント、60歳以上17・9パーセント）の社会人で、1103名（うち女性が54パーセント、男性46パーセント）を集計対象としました。

回答者には、年齢、性別、身長、体重、各種保健行動、健康状態、食生活の状況、食関連健康

情報への関心、トクホや「健康食品」の利用等を質問しています。その結果から、トクホを含めた「健康食品」類を利用している、もしくは利用経験がある人たちを「利用群」、非利用者で健康情報への関心が高い人たちを「非利用高群」、非利用者で健康情報への関心が低い人たちを「非利用低群」に分類しました。

男性では「利用群」「非利用高群」「非利用低群」がそれぞれ30パーセント、19パーセント、51パーセントとなり、女性では「利用群」が44パーセントと半数近くを占め、「非利用高群」「非利用低群」が25パーセントと31パーセントでした。これらのグループ間で、食生活や運動、休養、および喫煙の有無などの保健行動がどう異なるのか、その実践状況を比較してみました。

多様な食品を摂取することは、適切な食生活を営む基本です。

適量を摂取することが望ましいと考えられる食品・食品群11項目（穀類、肉・魚、鶏卵、牛乳・乳製品、豆・豆製品、緑黄色野菜、その他の野菜、果物類、海草類、油脂類、キノコ・コンニャク類）を列挙し、ほぼ毎日摂取するものに丸をつけてもらった結果を11点満点で点数化して「食品群摂取状況」としました。点数が高いほど良好な食生活を営んでいると推察されますが、「4点以下」「5〜7点」「8点以上」に3区分した結果を図序-3に示します。

男女差が大きく、8点以上の割合が男性ではいずれも25パーセント以下であるのに対し、女性では35パーセント以上であることがわかります（小数点以下は四捨五入）。「多様な食品・食品群

序-3　食品摂取の多様性

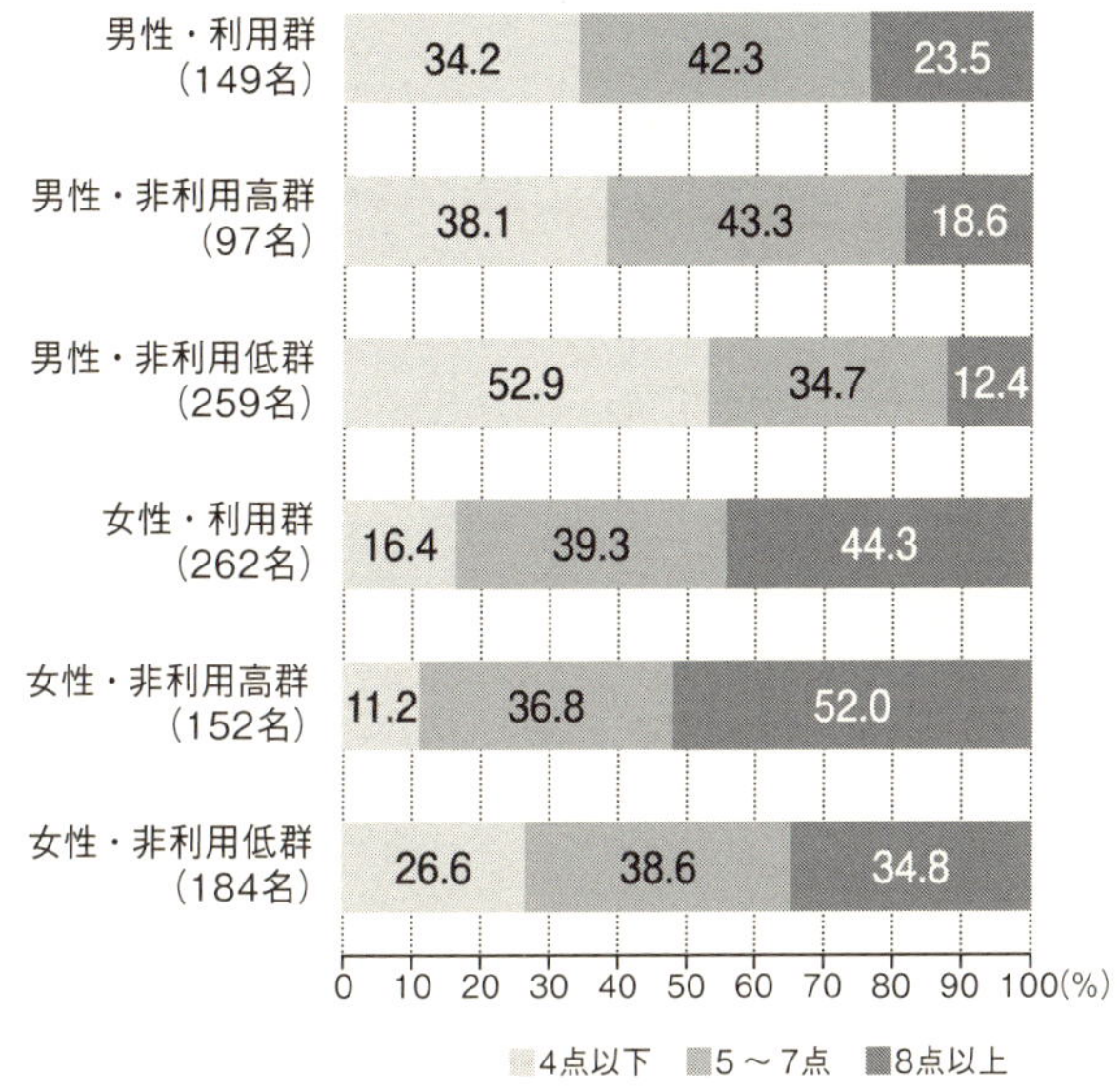

を摂取する」保健行動は、女性の「非利用高群」における実践率が高いことが見受けられます。

　続いて、「栄養・運動・休養」の実践状況を各群間で比較しました（表序－４）。

　「非喫煙」「三度の食事」「主食・主菜・副菜」「減塩」の実践率は、「女性・非利用高群」が最高でした。「食べすぎない」「十分な睡眠」「身体活動」の実践率は「男性・非利用高群」で、「体力づくり」は「女性・利用群」で最高となっています。

　実践率が最低だったのはいずれも「非利用低群」で、「三度の食事」「食べすぎない」「十分な睡眠」「身体活動」「体力づくり」は女性が、「非喫煙」「主食・主菜・副菜」「減塩」は男性が該当しています。保健行動は一般に、男性よりも女性の実践率が高いのですが（「平成19年度 高齢者を中心とした健康知識と行動のちぐはぐ度調査事業報告書」〈http://www.health-net.or.jp/tyousa/houkoku/pdf/h19_chiguhagu.pdf〉参照）、健康情報への関心が低い人たちにおいては必ずしもそうではないことが意外でした。

このアンケート結果からは、保健行動の実践率が総じて高いのは、男女ともに「健康食品」類は利用しない、でも健康情報への関心が高い人たちであるといえそうです。そして、「健康食

	女性(598人)					
	利用群		非利用高群		非利用低群	
	人	%	人	%	人	%
	262	100	152	100	184	100
	237	90.5	142	93.4	166	90.2
	202	77.1	131	86.2	135	73.4
	153	58.4	96	63.2	75	40.8
	103	39.3	56	36.8	47	25.5
	94	35.9	57	37.5	36	19.6
	106	40.5	70	46.1	60	32.6
	94	35.9	49	32.2	43	23.4
	61	23.3	33	21.7	11	6.0

序-4 「栄養・運動・休養」の実践状況

保健行動	略称	男性（505人）					
		利用群		非利用高群		非利用低群	
		人	%	人	%	人	%
		149	100	97	100	259	100
喫煙しない	非喫煙	122	81.9	76	78.4	190	73.4
三度の食事をきちんととる	三度の食事	119	79.9	77	79.4	203	78.4
食事には主食、主菜、副菜をそろえる	主食・主菜・副菜	57	38.3	43	44.3	82	31.7
食べすぎない	食べすぎない	51	34.2	39	40.2	92	35.5
減塩	減塩	26	17.4	26	26.8	42	16.2
睡眠を十分にとる	十分な睡眠	66	44.3	48	49.5	117	45.2
体をよく動かす	身体活動	59	39.6	47	48.5	85	32.8
体力づくり	体力づくり	28	18.8	19	19.6	36	13.9

品」類を利用せず、かつ健康情報への関心が低い人たちは、男女ともに保健行動の実践率が低く、健康を維持することそのものにあまり関心がないように推察されました。「健康食品」類を利用しない人々の保健行動は、健康情報への関心の有無で大きく異なるようです。

▼「健康食品」利用者の特徴は？

一方の、「健康食品」類を利用する人たち（以降「利用者」と略）はどうでしょうか。「利用者」は、健康情報への関心が低い人たちに比べて総じて保健行動の実践率が高いように見受けられますが、男性の場合には、非喫煙率を除けばさほど大きな差はありませんでした。一方、女性では「利用者」のほうが関心の低い人たちよりも総じて実践率が高く、差の大きい項目が少なくありませんでした。

「利用者」の保健行動は、女性では非利用で健康情報への関心が高い人たちにかなり近く、一方、男性では非利用で健康情報への関心が高いグループと低いグループとの中間に位置するように推察されます。

以上の結果からは、「健康食品」類を利用せず、健康情報への関心が高い人たちは、男女ともに「健康食品」類に頼らずに保健行動の実践に努めているように見えます。一方の「利用者」は、女性は「健康食品」類を利用しつつ、同時に保健行動にも気を配っているようすが見られますが、男性は女性ほどには保健行動に留意していない傾向にあるようです。

そして、保健行動の実践という点において最も問題なのは、「健康食品」類を利用せず、かつ健康情報への関心も低い人たちです。男性ではこれに該当する人が半数を超えており、女性でも約3割を占めています。これらの人たちには、やがて健康問題が生ずることが懸念されます。「利用者」には、基本的に「健康に良いこと」をしようと考え、ある程度は実践している人たちが該当するものと考えられます。彼らにとっては、「健康食品」類の利用そのものが、一つの保健行動なのかもしれません。

しかし、特に男性に顕著に見られるように、「利用者」には、「健康食品」類を利用していることで、本来の保健行動の実践を軽視する傾向があるように思われます。総じて実践率の低い「減塩」は、女性では「利用者」と「非利用高群」とでは大差がなく、「非利用低群」とのあいだに大きな差があります。他方、男性の「利用者」では「非利用高群」より9パーセント強低く、「非利用低群」より1パーセント強高いだけです。

減塩の必要性は血圧との関係で語られることが多いので、たとえば「血圧を考えたら減塩しなくちゃ。でも『血圧が高めの方に適している』健康食品を利用しているからいいや」という心理状態になってしまっているのではないでしょうか。

また、「利用者」は男女ともに、「非利用高群」に比べ「主食・主菜・副菜」の実践率が5パーセント前後、低い値になっています。たとえば、野菜不足を補うことができるかのように暗示する商品を利用することで、「これでいい」と納得させているところがあるとしたら、本末転倒になってしまう可能性もあります。

「健康食品」類の抱える大きな問題点がここにあります。

それらを利用することで、消費者が本来の保健行動をサボる自分への〝免罪符〟にしてしまっている。あるいは、「健康のためにいいことを少しはしなくちゃ」と考える人たちを、結果的にダマすことになっている……。

そのような状況を生み出す背景には、どんな実態が隠されているのでしょうか。第1章以降で詳しく確認していくことにしましょう。

第1章

「健康食品」で健康は買えない

――むしろ危ない10の理由

いわゆる「健康食品」は、「効能・効果」的な文言を明示することを許されていません。すなわち、「痩せる」とか「便秘を改善する」「血糖値を下げる」といった言葉を、商品パッケージや広告に書き記すことはできません。そのため、あたかもそのような効果があるか、、、、のようにほのめかしたり暗示したりする文言がさまざまに使用されてきた経緯があります。

保健機能食品を含む「健康食品」類では、消費者に実際以上の過大な効果を期待させる広告が用いられています。また、中には有害物質を含んでいて健康被害をもたらすものもあります。有害物質は含んでいなくても、消費者の誤解や錯覚を招く魅惑的な文言で食生活を誤った方向に誘導することで、のちのち健康に悪影響を及ぼすこともあります。

第1章ではまず、「健康食品」がむしろ危ない10の理由を探っていくことにしましょう。

! 1-1 「健康食品」による健康被害

▼「有害・無益」にお金を出しますか?

健康のために利用する「健康食品」を食べて健康被害をこうむるなんて、信じられないかもしれません。でも、実際に起こりうるのです。健康になれるかのような情報は積極的に発信しながら、一方で健康を害する事例については黙っているのが「健康食品」の世界です。

商品によっては、「某国では医薬品として承認されている」ことを「効果」の証のように広告することがあります。無邪気にありがたがってしまいがちですが、このような文言に出会ったら、「国によっては『医薬品』として扱う物質を、『健康食品』として規格も副作用に対する注意喚起もなく使うのは危険ではないか？」と受け止めるべきです。

「実際に効く／効かないより、〝効いた気分〟がほしくて利用している」人も、注意が必要です。このような考え方は、「健康食品」によって健康被害が起こることがないことを前提にしています。口にした「健康食品」が無害・無益なら経済的な損失だけで話がすみますが、有害・無益だったら「効いた気分がほしい」などと、暢気《のんき》なことはいっていられません。

科学的根拠の有無にかかわらず、「健康食品」の〝有益性〟に関する情報は、食品業界や広告を含めたメディアから大量に提供されています。しかし、〝有害性〟に関する情報に消費者が接する機会はなかなかないのが現実です。「健康食品」がはらむ問題性について、長く発信し続けてきた私の経験からも、「健康食品」の問題性を理解してもらうことはかなり難しいと感じています。

「健康食品」およびその広告が包含する問題性を、私は次の10項目に分類しています。

①有害物質を含むものがある

②医薬品成分を含むものがある
③一般的な食品成分でも病態によっては有害作用をもたらすことがある
④抽出・濃縮・乾燥等による特定成分の大量摂取が問題を生むことがある
⑤高齢者の代謝に過剰な負担を強いる
⑥医薬品利用者における薬剤との相互作用が起こりうる
⑦食生活の改善を錯覚させる
⑧生活習慣の見直しが不要と錯覚させる
⑨治療効果の過信で医療を軽視する
⑩非食品の食品化

これに加えて、経済的な被害も当然、無視できませんが、本書では以降、この10項目に集約される健康面における問題点に的を絞って話を進めていくことにします。

巧妙な広告は「ふつうの食事」だけでは「何かが足りない」かのように思わせ、健康を維持するためには「健康食品」が欠かせないと、消費者の購買欲をそそります。しかし、「体に良かれ」という思いで高額を支払ってわざわざ摂取した「それ」が、実は健康にとって「余計なモノ」だったとしたら……？

以下、右の10項目について個別に説明していきます。はたして「健康食品」で健康が買えるのか否か――冷静に考える材料としていただければと思います。

▼①有害物質を含むものがある

「健康食品」を製造・販売する会社が集まってつくられた公益財団法人「日本健康・栄養食品協会」があります。この協会は、自分たちで作成した規格基準に適合している商品に「認定健康食品マーク（JHFAマーク）」の表示を許可する制度を設けています。

認定健康食品マークは、「大腸菌群は陰性です」「一般細菌数は○個／g以下です」「有害重金属は○ppm以下です」などのように、「これを摂取しても特別な害はありませんよ」ということを意味しています。当該の「健康食品」の効能・効果を保証しているわけではないのですが、いわゆる「健康食品」の中に、肝臓や腎臓を傷める物質を含むものや、有害な重金属に汚染されている製品がときに存在することを考えると、「(効く／効かないは別として) 有害物質で汚染されてはいませんよ」という点では意味のあるマークといえるのかもしれません。

ここでは、有害物質を含んでいたために健康被害が発生したケースをいくつか紹介します。

まず、クロレラです。クロレラは、クロロフィル（葉緑素）が多いことをウリにしています。葉緑素をたくさん摂取することが何らかの保健効果をもたらすか否かについては、こんにちにおいてもなお定説は存在しないと思われます。

クロロフィルが分解すると、フェオホルバイドという物質が生成されます。「健康食品」として販売されていたクロレラ錠剤中に、このフェオホルバイドが大量に含まれていたために、利用者が重症の皮膚炎（光線過敏症）を起こした事件がありました。１９７７年のことです。

その後、１９８１年5月に当時の厚生省がクロレラ加工品中のフェオホルバイド含有量に規制を設けたこともあってか、クロレラによる光線過敏症の大規模な発症事件は起こっていないようです。ただし、１９９０年代半ばに静岡県で皮膚科医を対象として行われたアンケート調査においては、クロレラによる光線過敏症が起きていると回答した例が見られました。

痩身効果を謳《うた》った中国製の「健康食品」によって多くの人が肝臓を悪くし、そのうちの４人が亡くなるという事件が、２００２年に発生しています。原因は、ニトロソフェンフルラミンという有害物質が製品に含まれていたことでした。

同じ２００２年には、「青汁が原因と考えられる肝炎」が生じた例も起こっています。食事療法によって血糖コントロールが良好に推移していた2型糖尿病を患う68歳の女性の肝機能が悪化し、その原因が2ヵ月前から飲んでいた「青汁」しか考えられないと判断されました。その青汁は、大麦の葉を原料とするものでした。

２０１３年12月には、米国製の「オキシエリートプロ」という痩身用の「健康食品」が原因と疑われる肝炎が2例、国内で報告されています。さらなる健康を求めて、あるいは痩身のために利用した製品で肝障害を起こすのはバカげていないでしょうか。

「健康食品」の広告でよく見かけるフレーズに、「原料は植物。だから安全」があります。頭から信じてしまう人もいそうですが、これには何の根拠もありません。トリカブトを例に出すまでもなく、自然界には、有毒成分を大量に含む危険な植物が数多く存在します。

「健康食品」の原料として使われる植物の中にも、肝臓や腎臓に悪影響を与えるものが見つかっており、カバという植物もその一例です。南太平洋諸島の人びとは、この植物の根の成分を水に抽出して飲用しています。中枢神経麻痺作用があり、アルコール飲料を飲んだように酔うそうです。

伝統的な利用方法の範囲では特に問題がなかったのですが、これを「健康食品」として錠剤化した製品を服用した人たちに重度の肝臓障害が生じたことが、欧米で報告されています。日本では販売が禁止されていますが、個人輸入代行業者がインターネット上で「食事制限のイライラを緩和する」と宣伝していますので、国内にも利用者がいるものと推測されます。

2004年6月、厚生労働省はハーブとして利用される「コンフリー」と、これを含む食品の販売を禁止しました。乾燥した葉をハーブティとして、また生の葉を天ぷらやおひたしで食べることもあり、「高血圧や胃腸障害に効く」ともいわれていたようです。

日本での被害例は報告されていませんが、海外でコンフリー摂取に関わる肝臓障害が起きていることを受けての措置でした。コンフリーには、ピロリジジンアルカロイドに属する肝臓障害を引き起こす物質が含まれていることがわかっています。禁止されて10年以上が経ちますが、インターネット上では、いまだにコンフリーをハーブティとして勧めているサイトが散見されます。

また、2012年2月に、厚生労働省は「英国医薬品庁がバターバー（西洋フキ）について自主回収等の措置を講じていることから、バターバー又はバターバーを含む食品の摂取については、消費者に対し念のため控えるよう注意喚起するとともに、事業者に対し当面販売を中止するよう指導することとしましたのでお知らせします」と報道発表しています。

英国でバターバーを含有する製品との関連が疑われる重大な肝障害が報告されたことへの対応ですが、バターバーもまた、ピロリジジンアルカロイドを含有する植物です。日本では、「花粉症に効く」などの効能・効果を期待して、製品化されていたようです。

このピロリジジンアルカロイドを含む植物はたくさんあり、フキもその一つです。ただし、たくさん食べるものではないので、さほど心配する必要はなさそうです。植物が原料であることがそのまま「安全」を意味するわけではありません。いわゆる「健康食品」には、場合によっては有害物質が入っている可能性があることを心にとめてください。さらなる健康を求めて、あるいは病気回復を願って利用した製品で不健康を買い込むのは悲しいことです。

▼②医薬品成分を含むものがある

「健康食品」から医薬品成分が検出されることがときどきあります。「食品」と名乗りながら医薬品成分を添加してあるのなら、「さぞかし効くことでしょう」と皮肉の一つもいいたくなります。消費者としては、こういう商品も存在するのが「健康食品」の世界であると承知すべきです。

中国から輸入した「これを飲むと痩せます」とほのめかすティーバッグから、食欲抑制剤として海外での使用歴がある薬剤「フェンフルラミン」が検出されることがあります。また、痩身用の「健康食品」に動物の甲状腺を乾燥させた粉末が混入され、甲状腺機能亢進症を起こすという事件がときどき発覚します。あるいは、「強精」を暗示する商品中にバイアグラの成分であるクエン酸シルデナフィルがしばしば検出されています。

糖尿病に効果があるかのように広告される「健康食品」から、グリベンクラミドが検出されたこともありました。グリベンクラミドは血糖値を下げる飲み薬ですが、日本では医師に処方されなければ使えない薬剤です。添付文書によれば、その用法・用量は「通常、1日量グリベンクラミドとして1・25〜2・5㎎を経口投与し、必要に応じ適宜増量して維持量を決定する。ただし、1日最高投与量は10㎎とする」とされています。

医薬品ですので「使用上の注意」も明記されており、「高齢者への投与」は「生理機能が低下していることが多く、低血糖があらわれやすい」と注意を促しています。また、一錠あたりのグリベンクラミド量は1・25㎎または2・5㎎となっています。

「健康食品」にこのグリベンクラミドが添加されていたために生じた死亡事例が存在します。公表されたのは1998年9月のことで、当時の厚生省は国民生活センターからの報告を受けて「個人輸入した未承認糖尿病薬を服用後に発生した健康被害事例について」を発表しています。

70代の軽度の糖尿病の男性が、1997年の夏に中国から個人輸入した「漢方降糖薬」という薬を服用したところ、服用2日めの夕方に異常を来《きた》しました。翌3日めの夕刻に緊急入院したところ、血糖値が100mLあたり12㎎という低血糖状態にあり、低血糖性の昏睡状態となって10ヵ月後の1998年春に肺炎で死亡したという事例でした。

この商品の使用説明書には「純天然薬」と表記されていましたが、国民生活センターが分析したところ、グリベンクラミドが1カプセルあたり0・88㎎検出されました。家族によれば、その男性は3日間に15カプセル服用しており、13・2㎎のグリベンクラミドを摂取したことになります。

この製品は「薬」と名乗ってはいますが、個人輸入であるために「未承認糖尿病薬」に相当し、国内では「健康食品」として扱われます。

死亡にはいたらなかったものの、低血糖を起こしてかなり危険な状況に陥《おちい》った例も報告されています。2003年8月、石川県在住の77歳の女性が「糖滋源」という「健康食品」を服用していたところ、低血糖による意識障害を起こして医療機関を受診したものです。

この「糖滋源」を分析したところ、グリベンクラミドが一粒あたり0・3㎎検出されました。同じ製品でやはり石川県在住の77歳の男性も低血糖による意識レベルの低下を起こし、自宅で倒れていたところを家族に発見され、一命は取り留めました。この製品は富山県内で製造されていましたが、中国から原料を輸入しており、原料そのものからグリベンクラミドが検出された事例でした。

また、海外旅行の際に購入した「漢方薬」と称する商品を服用して低血糖症を起こし、危険な状態に陥った事例についても、国民生活センターが報告しています（事故の発生は2013年11月）。当該商品を調査したところ、やはりグリベンクラミドが含まれており、商品の表示どおりに服用すると、日本で定められている医薬品としての一日最高服用量を超えてしまうものだったとのことです。商品には、グリベンクラミドが含まれている旨の記載はありませんでした。

「血糖値を低下させる薬」が添加されているのですから、これらの商品を飲めば当然、血糖値は下がることでしょう。しかし、処方薬を勝手に添加してある商品はきわめて危険といわざるを得ません。

2005年5月に死亡事例のあることが報じられた痩身用健康食品「天天素」からは、2種類の医薬品・シブトラミンとマジンドール（ともに食欲抑制作用がある）が検出されました。このような事例がほかにどれほどあるのか、考えるだけでも怖ろしくなります。

▼③一般的な食品成分でも病態によっては有害作用をもたらすことがある

ごく一般的な食品成分、すなわち、タンパク質やアミノ酸、鉄、核酸等を「健康食品」化した製品が各種あります。「食品成分だから問題なさそう」と思うかもしれませんが、ある種の病気に罹患《りかん》している人の場合には、余分な「それ」を摂取することで病気に悪い影響を及ぼす可能性があります。

タンパク質やアミノ酸を含む製品の例から見ていきましょう。

大豆タンパクや乳清タンパクを主成分とする製品が「プロテイン」と称して市販されており、コラーゲン配合製品やアミノ酸配合製品、「クロレラ」錠剤も存在します。これら商品の一日摂取目安量を見ると、タンパク質2〜8gに相当します。健康な人であれば、この程度のタンパク質を余分に摂っても特に影響はないでしょうが、腎機能が低下していてタンパク質の摂取を制限しなければいけない人にとっては問題となります。

タンパク質はもちろんプロテインであり、たくさんのアミノ酸が結合したものです。コラーゲンはタンパク質の一つですし、クロレラもまた、それなりの量のタンパク質を含んでいます。その事実が多くの人にとっての「常識」であれば問題ないのですが、残念ながら必ずしもそうではありません。

タンパク質の摂取を制限するために肉や魚、卵を控えながら、「タンパク質」とは書かれていないこれらの製品を「体に良い『健康食品』」として利用すると、余計なタンパク質やアミノ酸を摂取することになってしまいます。食事中のタンパク質が制限量を超えないように必死に努力している一方でこの種の製品を利用したのでは、せっかくの努力がムダになってしまいます。

同様に、核酸を含む製品やクランベリー製品は、高尿酸血症や痛風の患者に悪影響を与えます。なぜなら、高尿酸血症・痛風では、プリン体の多い肉や魚を食べすぎないこと、尿酸を排泄しやすくするために尿をなるべくアルカリ側に近づけることなどが必要とされるからです。

これらの病気に対し、食事からのプリン体摂取は以前ほどは厳しくは制限されていませんが、プリン体を高濃度に含む「DNA/RNA」などの核酸含有製品や「ビール酵母」などをわざわざ摂ることが良いはずがありません。

「尿を酸性化し、尿路感染症を予防できる」という触れ込みでクランベリー錠剤（クランベリージュースも含む）やプルーン錠剤（プルーンエキスも含む）などが広告されていますが、この効果がもし本当に有効なら、尿を酸性化させたくない高尿酸血症・痛風の患者にはやはり好ましからざる製品ということになります。

どちらの製品も、不注意な摂取を防ぐために「尿酸値の高い方、痛風の方は摂取しないでください」と警告する表示が必要だと考えています。

もう一つ、鉄を含む「健康食品」をC型慢性肝炎の患者が摂取することの危険性を指摘しておきましょう。

鉄は、どちらかといえば不足しがちな栄養素の一つと考えられています。したがって、「鉄をたくさん摂ること＝良いこと」という認識はかなり一般的になっています。しかし、C型慢性肝炎の患者の場合には、むしろ反対にしなければなりません。消化管からの鉄吸収を制御するしくみに異常があるために肝臓に鉄が貯蔵されやすく、健康な人にとって「体に良い鉄」がかえって害をもたらすケースがあるからです。

含まれているものが「ごく一般的な食品成分」だからといって、決して安全だとは限らないことを肝に銘じておいてください。

▼④抽出・濃縮・乾燥等による特定成分の大量摂取が問題を生むことがある

食品や食品含有成分であっても、抽出・濃縮・乾燥等によって特定の物質を大量かつ長期的に摂取することで引き起こされる有害作用があります。「健康食品」の広告でよく見かける常套句、「医薬品ではありません。食品だから安全です」になんら根拠はなく、食品成分といえども健康に危害を及ぼす要因になり得ます。

以下に3例を挙げますが、これ以外にも、たとえばフランスやスペインで、緑茶成分をアルコール抽出して錠剤化した製品（フランス製）の摂取によって重度の肝障害が起きていることが報告されています。

第一の例は、βカロテンの摂取によって肺がんの罹患率が増加したケースです。

かつて、野菜や果物をたくさん食べる人は、ある種のがんや心臓疾患になりにくいという疫学データが多数発表され、有効成分を検討した結果、βカロテンが有力候補に挙げられました。予備的な研究が行われたのちに、「喫煙者がβカロテンを多量に摂取すれば肺がんが減るのではないか」という仮説のもと、大規模な研究がフィンランドで実施されました。

ところが、中間結果をまとめたところ、βカロテンを摂取していたグループで肺がん罹患者がむしろ増えてしまったという報告に世界中が驚かされたのは1994年のことでした。

結局、喫煙者に対するβカロテン投与研究は中止され、その後も同様の報告がいくつか出てきました。2003年には、米国の予防医療専門委員会が「喫煙者はβカロテン入りサプリメントを飲むべきではない」という勧告を出しています。野菜や果物をたくさん食べることと、その中の特定の成分だけを大量に摂取することとでは、意味がまったく違うという事実を端的に物語る例といえるでしょう。

二つめの例は、東南アジアで野菜として食べられている植物・アマメシバによるものです。

アマメシバを乾燥・粉末化した「健康食品」による健康被害が、2003年の夏に起きました。摂取し続けた人が重度の閉塞性細気管支炎を起こし、生体肺移植によってなんとか一命を取りとめたという事件でした。

厚生労働省のサイトで、アマメシバの学名が「Sauropus androgynus」であることを確認して医学文献検索システム「メドライン（MEDLINE）」を検索したところ、1990年代前半の台湾で、これによる大規模な健康被害が起きていることがわかりました。

飲めば痩せるという効果を期待して、この植物のジュースを長期間にわたって摂取した女性たち200人以上が被害に遭《あ》い、うち9人が亡くなっていました。近隣で大規模な健康被害があった情報を知らされることのないまま、このような商品が「健康食品」として流通することに怖さを感じます。

野菜として常識的な量を食べる場合には特に問題は生じなくても、ジュースや粉末のかたちで大量かつ長期間にわたって摂取し続けることで健康被害を招く食品があります。この冷たい真実を、これらの事例は如実に示しています。

最後は、αリポ酸錠剤の摂取により、インスリン自己免疫症候群を起こしてしまった事例です。

インスリン自己免疫症候群は、インスリンの投与歴がないにもかかわらず、インスリンに対する自己抗体ができてしまい、重度の低血糖を生じるまれな病気です。インスリンが抗体に結合し、その結合が簡単に外れることでインスリンが血中にどっと増え、重大な低血糖症を起こしてしまうのです。遺伝的素因をもつ人にインスリン自己免疫抗体の産生を助長する薬物が数種類報告されていますが、近年、αリポ酸によって誘発されたインスリン自己免疫症候群の報告が増えてきました。

αリポ酸は、2005年2月にテレビ番組「発掘！ あるある大事典Ⅱ」が「体脂肪を減らす救世主」として取り上げたことをきっかけに一気に知名度が上昇し、それ以降、「健康食品」の広告にひんぱんに登場するようになりました。それに伴って「健康食品」としてのαリポ酸の利用者も増加したために、インスリン自己免疫症候群の報告が増えたと考えられます。

αリポ酸はウシやブタの肝臓や心臓のほかに、ホウレンソウやトマト、ブロッコリーなどにも含まれていますが、いずれも量は少なく、動物由来の食品で1kgあたり1mg程度となっています。食品中にわずかに含まれるαリポ酸を摂っているだけなら問題なくとも、錠剤化されたものとなると、はるかに大量の摂取が、それも一挙に可能となります。

ある販売会社のαリポ酸錠剤は、一日2粒で210mg含有となっていましたが、その量が問題を引き起こすことになったと考えられます。実際に、先のテレビ番組中では「一度減ってしまったαリポ酸は体内では増やすことはほとんど不可能。体の外から何かしらの方法を使ってαリポ酸を補わなければならない。レバーやホウレンソウから必要量を摂ろうとすると莫大な量を食べなければならない。だからサプリメントを利用しよう」と勧めていました。

なお、「健康食品」を販売する側は、「αリポ酸の一日の摂取目安量は100㎎といわれ、ダイエット、デトックス、美容にも役立ってくれます」と勝手なことをいっていますが、学術的根拠はありません。また、αリポ酸をB群ビタミンに含める向きもあるようですが、ビタミンではなく、あくまでビタミン様物質であり、欠乏症状も知られていません。

▼⑤高齢者の代謝に過剰な負担を強いる

高齢になると、特に持病もなくて元気そうに見えても、身体機能全般、すなわち肝機能や腎機能、体温調節や抵抗力等が若い頃よりも低下してきます。そのため、「健康食品」を利用した際に、含まれている物質をスムーズに代謝できず、問題を引き起こすことがあります。

医療機関から処方される医薬品の場合も、代謝機能が低下した高齢者には負担となることがあり、服薬数を減らすことで体調が改善したという笑い話も聞こえてきますが、本当に必要な薬剤なら一定程度は仕方のないことです。しかし、確たる目的も必然性もなく、自己判断で「体に良いらしい」と摂取した物質が、実は体内で処理するために体に余計な負担をかけているとしたら、これまた本末転倒です。

「年齢とともに減少する軟骨成分・グルコサミン、コンドロイチン、コラーゲン。毎日上手に補うことが大切です。快適な毎日をサポートします」といった文言のように、「それ」を利用しさえすれば、若さも元気も取り戻せるかのような広告を見かけます。しかし、「体内から減った物質」は必ずしも補えるとは限りません。グルコサミンやコンドロイチン、コラーゲンといった物質は、「減る」ないしは「代謝回転が遅くなる」ことそのものが老化現象であり、「食べて（飲んで）」補うことなど、そもそもできないのです。

▼⑥医薬品利用者における薬剤との相互作用が起こりうる

病気の治療のために医薬品を服用している人は、その薬剤と「健康食品」との相互作用が問題になることがあります。薬の効果を強めたり弱めたりする組み合わせが存在するからです。たとえば、血栓予防のためにワルファリンを服用している人が膝に良いからとグルコサミンやコンドロイチン硫酸を、あるいは認知症予防にとイチョウ葉エキスを、また疲労回復にと高麗人参を摂取していると、出血しやすくなり、ときにはそれが危険であることが疑われています。

医療機関から処方される医薬品といえども、本当に必要か否かには熟考の余地があります。ましてや、自己判断による「体に良かれ」は、かなり危険であると承知すべきです。

▼⑦食生活の改善を錯覚させる

「これ」さえ利用しておけば、野菜不足を、あるいは魚不足や食物繊維不足を解消できる、といわんばかりの広告もよく見かけます。

何種類かの野菜を熱風乾燥したのちに粉末化し、それらを混合・粒化したとする商品が複数あります。それを飲むと野菜不足が解消できるかのような広告を行っていますが、一日の目安量を摂取しても乾燥前の野菜15~30g程度にしか相当しません。一個10~15gのミニトマト2個相当の野菜では、とうてい不足分を補うことはできません。

青汁もまた、「野菜不足にはこれ」というような広告を行っています。あまりにもたくさんの商品が存在するため、どれを取り上げればよいか迷ってしまうほどです。そこで、広告量が多く、比較的目につきやすい5商品の栄養表示を確かめてみました。いずれも、粉末を水などの液体に混ぜて飲むものです。

商品によって栄養成分表示はまちまちで、摂取目安量も1~3包のように幅がありますが、食物繊維の量を一日あたりの摂取目安の最大量と比較してみました。Y社商品は3・1g、S社は2・9g、A社は2・1g、F社は0・8 1~2・0g、D社は電話で問い合わせて0・4gとの回答でした。たったこれだけの量で、野菜不足を解消できるかのように錯覚させる広告を打つのはいかがなものでしょうか。

▼⑧生活習慣の見直しが不要と錯覚させる

「健康食品」の広告ではよく、「こんな方にお勧め」として、「お酒、たばこが止められない方・運動不足が気になる方・甘いものや果物をよく食べる方・宴席が多い方」などの文言を見かけます。このような人びとがまず行うべきは、「酒量を減らす、禁煙する、運動をする、甘いものや果物の摂取量を減らす、宴席回数を減らす」であることはわかりきったことです。

しかし、「健康食品」業界の常套句としての「お勧め文言」は、あたかもこれらの努力はいっさい不要で、その商品を利用しさえすれば問題を解決できるかのような印象を与えます。生活改善の必要性を忘れさせてしまう問題をはらんでいるのです。

▼⑨治療効果の過信で医療を軽視する

「健康食品」の効能・効果を信じるあまり、本来の医学的治療をないがしろにしてしまうことがあります。

「これさえ飲めば食事療法は不要」などの甘い言葉に乗せられて、合併症を悪化させる糖尿病患者がいます。「がんに効く」等の虚偽広告で、標準医療を受ける機会を逸する人もいます。重篤な病気を抱える人の藁《わら》にもすがりたい気持ちにつけ込み、通常の医療から遠ざけさせる商法は、人命を軽視しているとの謗《そし》りをまぬかれないでしょう。

▼⑩非食品の食品化

イチョウの実であるギンナンは食用ですが、その葉には、お茶として飲むなどの食用歴はありません。同様に、ミツバチの生産物であるハチミツは食品ですが、巣の構築材料であるハチヤニ（プロポリス）を食用にしてきた歴史は存在しません。塩化ナトリウムは調味料として重要な食品ですが、ゲルマニウムはヒトにとっての必須元素ではなく、食用価値を有していません。

このように、「本来は食品でないもの」が「プロポリス」や「イチョウ葉エキス」「ゲルマニウム」という「健康食品」に姿を変えることで「食品」の範疇に入れられてしまうことには強烈な違和感を覚えます。その摂取が原因ではないかと疑われる健康被害が多数報告されているゲルマニウム含有製品が、なぜ「食品」として扱われるのでしょうか。

最近では、「胎盤エキス」も気になっています。化粧品に添加されていることは知っていましたが、それはあくまで顔に塗るものです。近年、〝美容飲料〟と称する製品の原材料表示欄に「プラセンタエキス」をひんぱんに見かけるようになりました。プラセンタは「胎盤」のことで、おそらくはブタの胎盤からの抽出物を添加しているのでしょうが、動物の胎盤エキスまで経口摂取させることに抵抗を感じるのは私だけでしょうか。

!1-2 「○○に良い」という情報に出会ったら

「年齢とともに減少する軟骨成分・グルコサミン、コンドロイチン、コラーゲン。毎日上手に補うことが大切です。快適な毎日をサポートします」とか「高麗人参で健康の悩みがゴッソリ解消！」等々、それを利用しさえすれば若さも元気も取り戻せるかのような広告文言をあちこちで見かけます。このような情報に出会って、心動かされそうになったときはどうしたらいいのでしょうか？

なによりも大切なのは、「すぐに飛びつかない」ことです。まずは「○○って、何？　そんないいことあるの？」と疑ってみましょう。一呼吸置いても、絶対に損はしないのですから。

▼〈「健康食品」の安全性・有効性情報〉サイトをチェックする

華々しい効果を謳う「健康食品」やその広告が気になったら、まずは、インターネットを開いて国立研究開発法人医薬基盤・健康・栄養研究所 国立健康・栄養研究所の〈「健康食品」の安全性・有効性情報〉（https://hfnet.nih.go.jp/）というウェブサイトを確認するようにしましょう。

同研究所は、「国民の健康の保持・増進及び栄養・食生活に関する調査・研究を行うことにより、公衆衛生の向上及び増進を図る公的機関」であり、信頼度の高い責任ある情報を発信しています。右のサイト上で、たくさんの種類の「健康食品」に関する情報を確認することができます。そこで情報をチェックすると、たいていの食品・食品成分の「有効性」に関して、ヒトにおけるきちんとしたデータがないだけでなく、むしろかなりの「危険情報」があることなどがわかります。

販売企業に電話をして、直接訊《たず》ねてみるのも一つの方法です。

「これは何に効くのか?」「私の不調が解消されるのか?」などの質問を、しつこいくらいぶつけてみてください。ほとんどの企業が、明確に「効きます」とは答えないはずです。「効果があったとおっしゃるお客様がたくさんいらっしゃいます」とか「個人差があります」のように、答えをはぐらかすことが多いでしょう。企業の対応姿勢から、商品の質を見極めることができるのは、「健康食品」も他の商品と同様です。

ただし、場合によっては執拗に勧められることもありえますので、すぐに購入してしまうことのないよう、問い合わせはくれぐれも慎重に行ってください。

▼「神話便乗商法」に要注意!

確かな根拠がないにもかかわらず、多くの人々に信じられている事柄を比喩的に〝神話〟とよびます。健康に関連する食の情報にもたくさんの〝神話〟が紛れ込んでいますが、意図的に〝神話〟をつくって広め、それを広告に使っているのではないかと疑われる事例が、食品の世界には少なからず存在します。

その代表例の一つが「コラーゲン」です。先ほど紹介したウェブサイト〈「健康食品」の安全性・有効性情報〉内に「話題の食品・成分」というページがあり、その中に「コラーゲンって本当に効果があるの?」(http://hfnet.nih.go.jp/contents/detail2204.html) と題する記事が掲載されています。

そこには「コラーゲンは『皮膚』『骨・軟骨』を構成する物質として、なくてはならないタンパク質なので、『それを食べれば、皮膚や関節によいに違いない』と思うかもしれませんが、残念なことに、現時点での科学的知見では、コラーゲンを食べても『美肌』『関節』に期待する効果が出るかどうかは不明です」とあり、詳しい理由が記されています(2012年12月28日更新)。

ところが、ちまたには〝コラーゲン神話〟が蔓延しており、「コラーゲンでお肌ぷるぷる、しっとりつやつや」など、あたかも美肌効果があるかのような文言をよく見かけます。私は以前、コラーゲン摂取に美肌効果があるかのように広告する企業に「コラーゲンを食べると肌の状態が改善されるのか」などの質問状を送ったことがあります（2011年）。

回答のあった2社（K社とI社）への質問と返事をご紹介しましょう。

まずK社には、同社の広告文言に関して「『飲むたびにうるおいを』というのは具体的にどういうことでしょうか」と訊ねました。この質問に対する答えは、「文字通り、飲んでいただいて喉《のど》をうるおしてほしいという意味です」でした。

続いてI社にも、やはり同社の広告文言について、「『おいしくうるおう』とありますが、なにがうるおうのでしょうか」と質問したところ、「止渇作用によって喉をうるおします」との回答がありました。

いずれの回答もうるおうのは「喉」であり、「肌」にはひと言も触れていません。「うるおい」「うるおう」などの文言を配して広告していながら、このような答えが返ってくるのです。なるほど、「肌がうるおう」は消費者側の勝手な解釈なのでしょうが、〝コラーゲン神話〟に便乗して販売しているととられても、仕方がないのではないでしょうか？

！1－3 「効けばOK」という考え方が危ない

健康食品に関しては、「効く／効かない」がよく話題になりますが、それを論じる前に、「摂取して安全なのか？」をまず問う必要があります。

商品Aを摂取して「影響がなかった場合」には、「摂っても意味がない」と単純に理解できると思います。では、「影響があった場合」はどうでしょうか。それが「悪い影響」であれば、「有害作用」としてすぐにやめる気になることでしょう。

問題は、「期待していた影響があった場合」です。たとえば糖尿病の人が、「これを飲むと血糖値が下がる」といわれてそれを利用したところ、確かに血糖値が下がったような場合です。「血糖値が低下した。だから効いている」と、素直に喜びたくなるのが人情です。

しかし、「効いた」と感じたからといって、無条件に継続利用していいわけではありません。「なぜ血糖値が低下したのか？ どんな作用によるのか？」「ひょっとして違法に医薬品が添加されているんじゃないか？」「あるいは、体のどこかの機能を障害したから血糖値が低下したのかもしれない」といった疑問をきちんと検討してみる必要があります。

医薬品の世界では、「効果が害（副作用）を上回る」なら医薬品として認めるという合意が成り立っています。「健康食品」に関しても、「少々の害があっても、利益があればそれでいいじゃないか」というきわめて乱暴な意見を耳にすることがあります。

しかし、明白な疾病に対して治療の一環として服用する医薬品とは異なり、「健康食品」は〝さらなる健康〟を求めて利用するものであるはずです。そのような目的で利用する商品に、「ここまでの有害作用は目をつぶろう」という〝境界線〟が存在しうるとは思えません。

1－4 「健康食品」の販売戦略を知る――「三点セット」に要注意

「健康食品」は多様な媒体を用いて広告されています。折り込みチラシやカタログ、新聞・雑誌のような印刷媒体だけでなく、テレビコマーシャル（テレビCM）やインターネット等の広告も目立ちます。〝売りたい人たち〟の販売戦略は実に巧妙です。販売方法が多様化している現状をきちんと認識しておきましょう。

折り込みチラシでも新聞広告でもかまいません。まずは、印刷物による「健康食品」の広告をご覧ください。具体的な商品名が書いてある紙面に、もしも「若返る」とか「膝の痛みが解消します」と明記してあるなら、それは「医薬品、医療機器等の品質、有効性及び安全性の確保等に関する法律」（「薬機法」と略。旧・薬事法）に違反しています。「これは問題ではないか」と近くの保健所に広告を持ち込めば、その事業者は取り締まりの対象となります。

「法律違反の広告があるの？」と驚かれる人がいるかもしれませんが、実際に存在するのです。消費者庁は２０１３年12月、「夜スリムトマ美ちゃん　パワーアップ版」と称する「健康食品」に「不当景品類及び不当表示防止法」（「景表法」と略）に基づく措置命令を行いました。チラシ

1-1　「健康食品」の販売戦略――「三点セット」

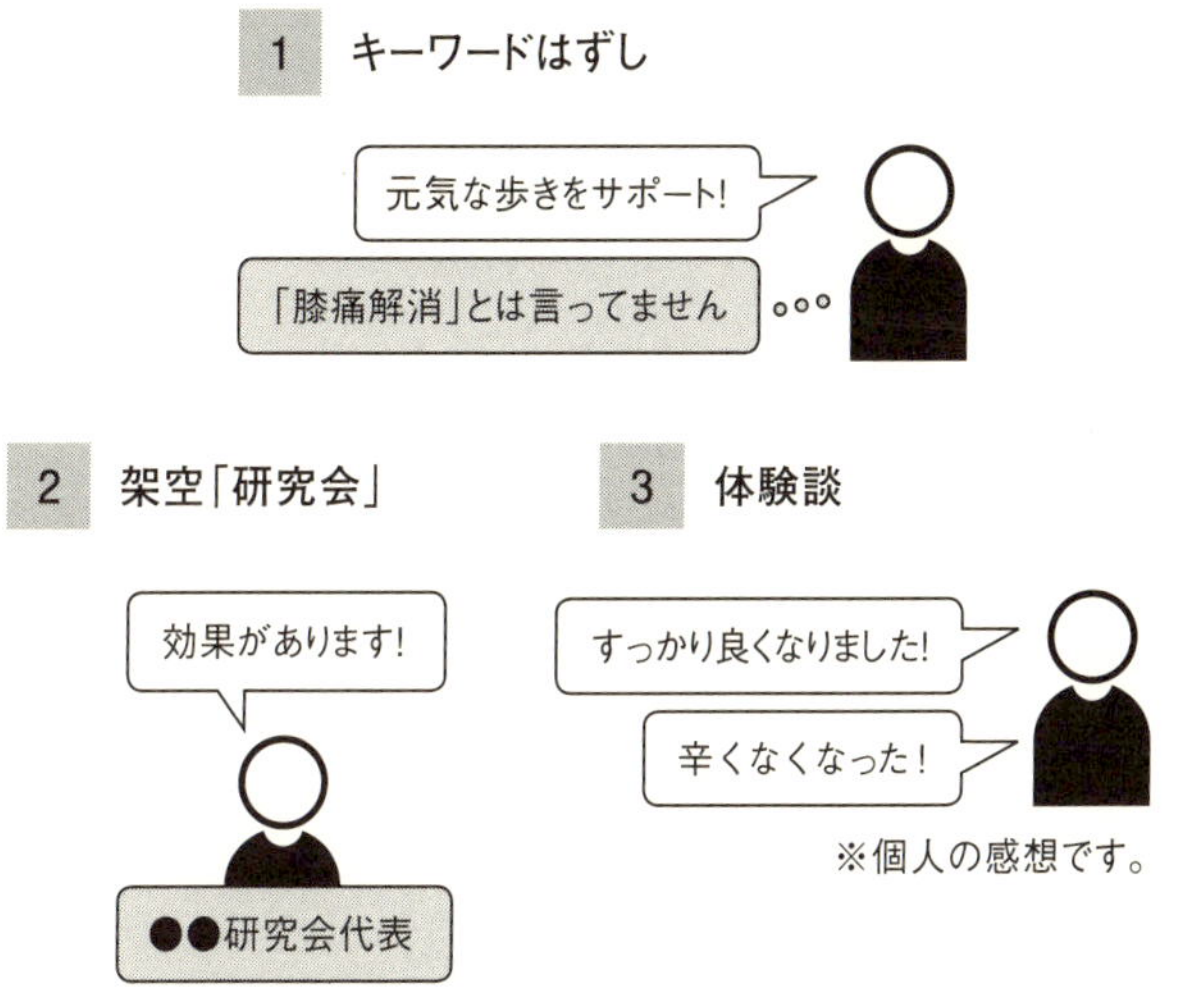

や雑誌、自社のウェブサイトなどで、この商品を摂取するだけで、特段の運動や食事制限をすることなく、簡単に著しい痩身効果が得られるかのように示す表示をしていた、というのがその理由です。

とはいえ、当然ながら多くの事業者は、このあたりの表現には細心の注意を払っています。この商品がどのように良いことをもたらしてくれるのか、どのような体調不良を改善してくれるのか……、はっきりと書きたいけれど、そうすると「薬機法」や「景表法」に違反することを熟知しているため、それらに抵触しないようさまざまに表現を工夫するのです。

代表的な手法には3種類あり、①キー

ワードをはずす、②架空「研究会」からの情報発信のかたちをとる、③効果体験談を掲載する、です。これら三つの手法は、「三点セット」とよばれています（図1－1）。以下、一つずつ見ていきましょう。

▼①キーワードはずし

「膝痛解消」は、文字どおり「膝の痛みを解消する」という意味ですから薬機法に抵触します。そこで、「痛みが解消される」ことをイメージさせるべく、「元気な歩きをサポートします」とか「階段の上り下りがラクになりました」のような文言を並べる手段がひんぱんに用いられます。「膝痛解消」という直接的なキーワードをはずしつつ、全体の広告の構成によって、消費者が「膝の痛みがラクになるらしい」と想像するよう意図された販売戦略です。

同様に、「若返る」も違反ですが、「若々しくありたい方に」はセーフです。直接「若返る」とはいわずに、「若々しくありたい方」が「これを利用すると若返りに効果があるのだろう」と「勝手に」受け止めることを予想し、誘導しているのです。

▼②架空「研究会」からの情報発信

「C型肝炎が治った」「高血圧が正常化」などの、キーワードそのものを並べた広告もあります。

「薬機法違反！」と直感的には思うのですが、このようなケースでは、何を売っているのかと広告紙面をよくよく見ても、具体的な商品名は掲載されていないのが常です。

どういうことでしょうか？

実は、このような広告では、たとえば「▲●」という「健康食品」を売りたい事業者が、「▲●療法研究会」を名乗って「▲●には大きな効果がある」という情報を発しているのです。情報の発信元は「▲●療法研究会」ですから、販売する商品のことが具体的に書かれていなければ「商品広告」には該当しないことを活用した販売戦略です。

たとえそこに書かれている「効能・効果」がウソだったとしても、何らかの法律に違反しているわけではなく、誰かに責任を問うこともできません。「治った」「正常化した」などの文言に関心をもった人が記載されている電話番号等に連絡すると、商品の説明と販売の勧誘が行われるしくみになっています。

手の込んだやり口に憤りを覚えますが、広告紙面に商品そのものの広告がなされていないかぎり、違法性はなかなか問えないのが現状です。

▼③効果体験談

利用者の声、すなわち「体験談」は、「健康食品」に限らず、さまざまな商品セールスにおいて説得力をもっています。そして、「健康食品」業界では、きわめて効果的に活用されている販売戦略の一つとなっています。

体験談は、商品を売りたい販売事業者自身が「効きます」といっているわけではなく、その商品を利用した人が「これを利用したら■■で辛かったのが良くなりました」などと語る姿やコメントを紹介するかたちをとっています。「〇〇を食べているうちに▲▲が完治してしまいました」などの体験談を「まさか！」と疑っても、「飲んだ私が『効いた』と思っているんだ。文句あるか！」と怒鳴られてしまうのがオチでしょう。

注意が必要なのは、体験談の中に〝ウソ〟が混じっているケースがあることです。実際に、クロレラ関連商品では１９９５年に、アガリクス関連商品では２００５年に、架空の効果体験談を執筆するライターが存在していることが明るみに出て、社会問題化しました。

▼「クロレラチラシ」配布差止等請求事件

「三点セット」についてご紹介してきましたが、今後はこのような販売戦略が通用しなくなるかもしれないという期待が芽生えつつあります。

２０１５年1月、京都地方裁判所が「健康食品」として「クロレラ」を販売していたS社に対し、医薬品のような効能があると表示するのは景表法違反であるとして、不当な表示と広告配布の差し止めを命じる判決を下したのです。その背景を少し詳しく紹介しましょう。

「日本クロレラ療法研究会」と称する団体が、「解説特報」と題するチラシを日刊新聞に折り込んで配布していました。このチラシでは「がんこな慢性病でお悩みの方へ　クロレラ療法」が紹介されており、「クロレラ　主な効用」「エゾウコギ（イソフラキシジン）主な効用」として、「病気と闘う免疫力を整える」「細胞の働きを活発にする」「高血圧・動脈硬化の予防」「ホルモンバランスを調整」など、さまざまな効能・効果が列記されていました。

　同時に、糖尿病や腰部脊柱管狭窄症《せきちゅうかんきょうさくしょう》、パーキンソン病、間質性肺炎など、種々の慢性疾患がクロレラやエゾウコギの摂取によって改善したかのような「効果体験談」が、「利用者の声」として載せられていたのです。「クロレラは薬効のある食品であり、医薬品ではありませんから、医薬品と併用してもしなくても、クロレラには副作用や習慣性は一切ありません」とも記載されていました。発行責任者は「日本クロレラ療法研究会　会長」のNで、研究会の所在地として京都市内のS社の本社ビルが記されていました。

　この「解説特報」が、クロレラの錠剤商品などを販売するS社の広告であることは一目瞭然なのですが、チラシの発信元はあくまでも「日本クロレラ療法研究会」であり、S社ではないという体裁をとっているため、私は誇大広告としての違法性は問えないだろうと諦めていました。しかし、２０１３年10月に、京都の適格消費者団体がこのチラシの配布をやめるようS社に差止請求を行ったのです。

「適格消費者団体」とは、消費者契約法第2条第4項に「不特定かつ多数の消費者の利益のためにこの法律の規定による差止請求権を行使するのに必要な適格性を有する法人である消費者団体(消費者基本法〈昭和四十三年法律第七十八号〉第八条の消費者団体をいう。以下同じ。)として第十三条の定めるところにより内閣総理大臣の認定を受けた者をいう」と定められた消費者団体です。事業者の不当行為に対して差止請求訴訟を起こすことができるこの団体は、2016年4月の時点で全国に14あります。

この差止請求の概要は、以下のようなものでした。

——このチラシ広告は、「クロレラ」「エゾウコギ(イソフラキシジン)」が医薬品ではなく食品であるにもかかわらず、薬効や効果があると消費者に誤認させる。「日本クロレラ療法研究会」と名乗っているが、実質的にS社のチラシ広告である。なぜなら「研究会」の「会長N」は、同社の取締役Nと同一人物であり、研究会の所在地も、電話回線の契約者もS社である。研究会に資料請求するとS社から商品カタログが送付されてくることからも、この事実は明らかである。これは、消費者契約法4条1項1号の不実告知に該当する。

消費者契約法4条1項1号によれば、「不実告知」とは「重要事項について事実と異なることを告げること。当該告げられた内容が事実であるとの誤認」です。

差止請求にS社が応じなかったことで、この適格消費者団体は2014年1月、京都地裁に差止請求訴訟を提起しました。そして1年後の2015年1月21日、同地裁は原告の訴えを認める判決を下したのです。

S社は、チラシは「日本クロレラ療法研究会」が配布したものであり、同研究会はS社から独立した組織である、個人情報も独立して管理している、一般消費者がS社のチラシであると認識するとは考えがたいなど、縷々《るる》反論しましたが、判決は「研究会チラシを配布した者も、クロレラ粒等の薬効を表示したのもS社自身である。研究会とS社が別個独立の組織であると考えるのは困難なことである」と断じました。S社に対し、表1-2に掲げた表示を禁止するとしました。

その後S社が控訴し、2016年2月には、大阪高等裁判所が「原判決を取り消す」という判決を下しています。この判断には驚かされましたが、判決文をよく読んでみて、一応の納得をしました。

高裁判決の主旨は、「もうすでにチラシはいっさい配布されていないので、いまさら差止請求しなくてもいいでしょう」ということのようです。S社が、チラシの配布主体は同社ではなく別組織であると主張したことに対しても、研究会がS社の本社ビル内にあり、チラシ作成配布費用や広報活動費用、電話料金をS社が負担していることに加え、S社の従業員が事務をしていたと

1-2　禁止対象となった表示

1　表示媒体
日刊新聞紙の折込チラシ

2　表示内容
(1) クロレラ(C.G.F.)について ア　免疫力を整える旨 イ　細胞の働きを活発にする旨 ウ　排毒・解毒作用を有する旨 エ　高血圧・動脈硬化の予防となる旨 オ　肝臓・腎臓の働きを活発にする旨
(2) ウコギ(イソフラキシジン)について ア　神経衰弱・自律神経失調症改善作用を有する旨 イ　ホルモンバランスを調整する旨 ウ　抗ストレス作用・疲労回復作用を有する旨 エ　鎮静作用による緊張の緩和・睡眠安定の効用を有する旨 オ　抗アレルギー作用を有する旨
(3) クロレラが薬効のある食品である旨
(4) 体験談の形式を用いた、クロレラを摂取することにより、「腰部脊柱管狭窄症(お尻からつま先までの痛み、痺れ)」「肺気腫」「自律神経失調症・高血圧」「腰痛・坐骨神経痛」「糖尿病」「パーキンソン病・便秘」「間質性肺炎」「関節リウマチ・貧血」「前立腺がん」等の疾病が快復した旨

見られること、研究会に資料請求するとS社のカタログが送られてくるしくみが存在していることなどを総合すれば、被告がチラシ等に関する証拠を裁判所に提出してきた2014年6月2日以前の研究会チラシの配布主体はS社であったと認めるのが相当である、と一審の判断を認めています。

原告の適格消費者団体が上告したことで、係争はなお継続しています。しかし、高裁が「原判決を取り消す」としたとはいえ、その判断内容をふまえれば、「健康食品」を製造・販売する事業者は今後、「研究会」を持ち出すことはできないでしょう。

この裁判によって「三点セット」が使いにくくなったことは明らかですが、まだまだ安心するわけにはいきません。次にはどのような「抜け道」が考え出されてくるのか、注視していく必要があります。

▼インフォマーシャルにご用心

「健康食品」の販売ルートにはもちろん店舗も含まれますが、この世界できわめて盛んなのが通信販売(通販)です。

商品の存在を知らせる手段として、印刷媒体(冊子形式の商品カタログ、新聞や雑誌の広告、折り込みチラシ等)やインターネット上のウェブサイト、テレビ等がひんぱんに用いられており、同時にそれぞれが販売チャンネルとしての役割をはたしています。カタログ販売（カタログ通販）、インターネットショッピング（ネット通販）、テレビショッピング（テレビ通販）などとよばれるのがそれです。

いずれか単独のチャンネルによる広告もありますが、最近は、チラシ広告や新聞広告、あるいはテレビCMを通じて自社のウェブサイトに誘導し、ネット上で注文を受け付ける商品が非常に増えています。

「テレビ通販」では、数十秒程度のテレビCMによって商品が紹介されます。視聴者の購買欲をそそるような画面が次々に展開されますが、消費者にとって重要な商品情報は、表示されても瞬時に消え去ってしまうことがほとんどです。そのため消費者は、商品の詳細な情報が手元にない状態で購入を決めることになります。商品に対する説明不足が、テレビ通販の抱える大きな問題点の一つです。

広告であることがはっきりわかればまだいいのですが、「情報番組」を装った宣伝番組もあるので注意が必要です。特に、地域限定放送を行うテレビ局（地方テレビ局）では、「健康食品」会社が制作した30分程度の宣伝番組を「健康情報番組」と称して放送することがよくあります。「記事と思って読んでいたら広告だった」とは、新聞や雑誌などの印刷媒体でしばしば経験することですが、いわばそのテレビ版です。実質的には「商品広告そのもの」でありながら、「健康情報番組」を装う「健康食品」の情報発信には大きな問題を感じています。

この種の放送は〝インフォマーシャル（informercial）〟とよばれており、「information（情報）」と「commercial（広告放送）」を合わせた造語です。〝インフォマーシャル〟は、通常は15～30秒程度であるテレビＣＭに比べてずっと長い、15～30分もの時間をかけて特定の商品を広告します。

たとえば、「笑顔と喜びの毎日」と題する番組は「この番組は●●が提供します」（●●は「健康食品」会社）として始まり、ある「健康食品」がなぜ「体に良いのか」を映像を交えてもっともらしく「解説」します。さらに、その製品を利用したらこんなに効いたという「効果体験談」を何人もの人たちに語らせます。

ポイントは、放送中のところどころで注文用の電話番号が紹介されることで、放送の最後には「いま注文すればおまけがつく」という、購入を煽るナレーションで締めくくられるものが多くあります。情報番組の体裁をとっていることで、その番組全体が広告であることに気づかない人がいるであろうことは大いに問題です。

▼ネット通販ならではの注意点

情報の発信量が非常に多く、クリック一つで購入に直結してしまう「ネット通販」にも、近年は特に注意を払う必要があります。

前項で詳しくご紹介したテレビ通販や印刷媒体に比べ、ウェブサイトを介しての情報の発信は、コストをかなり抑えることができます。そのため、一つの商品に対する情報を大量に発信することが可能になります。提供される情報によっては、それが実際以上の価値をもつかのように誤解する「優良誤認」を招くことにならないかを懸念しています。

「三点セット」の項でも指摘したように、販売する側にしてみれば、利用者の体験談もまた、重要な商品情報の一つです。店舗販売においても体験談を活用しているようすが見受けられることがありますが、販売員が商品説明を行うことのない通販では、よりひんぱんに利用される傾向があるようです。

「お客様からの声」として紹介される体験談ですが、当該の商品を賞賛する感想だけが並べられ、批判的な、あるいは不満を述べた感想を目にすることはまずありません。自社にとって不都合な「お客様からの声」は紹介せず、優良な面のみを印象づける手法には警戒が必要です。

また、「通販限定」を謳う商品も少なくなく、「定期購入」を強く勧めるサイトも数多くあります。多くの場合、定期的に商品が自動送付されてくる「定期購入」を契約することによって、いくらかディスカウントされるしくみになっています。

本当に必要な商品であれば便利な機能ですが、「もう要らない」と思っても明確な意思をもって解約の手続きをとらないかぎり送られ続けます。断る機会を逸していたり、手続きが面倒だったりといった理由で、不要な商品をいつまでもだらだらと購入し続ける人も多くいますので、注意しましょう。

*

健康を維持増進する三要素は、あくまでも「栄養・運動・休養」です。これ以外の「何か」が健康維持に必須であるかのように煽りたてて、「健康食品」の消費を増やすことを意図して、2015年に「機能性表示食品」制度が始まりました。この制度が誕生する契機となった、2013年6月5日公表の「規制改革に関する答申」の副題が、「経済再生への突破口」であることを忘れてはいけません。

機能性表示食品の登場以前にも、この国には制度としてすでに二つの保健機能食品が存在しました。特定保健用食品＝トクホと栄養機能食品です。

世の中に蔓延する「食品成分の機能性幻想」につけ込み、無益どころか有害かもしれない〝余計なモノ〟を摂取させることで、経済を活性化させようとする人たちにとって、国民の健康は「どうでもいい」ものなのでしょうか？

国は、膨大な額になっている医療費の問題を抱えていますが、このような制度を設けることが、長期的には医療費のさらなる増加をもたらす可能性をはらんでいることに〝気づかないふり〟を決め込むのでしょうか？

消費者としての私たちは、氾濫する怪しげな食情報にどう対処していけばいいのか――以降の章で、今や3種類も乱立する保健機能食品について、一つひとつていねいに読み解いていきます。

栄養水準も衛生・医療水準も高いこんにちの日本は、世界に誇る長寿社会です。この恵まれた生活環境のもと、おいしいものを楽しく適度な量で食べ、体を十分に動かし、休息する日々の暮らしに、「健康食品」が入り込む余地などないことを、あらためて確認することにしましょう。

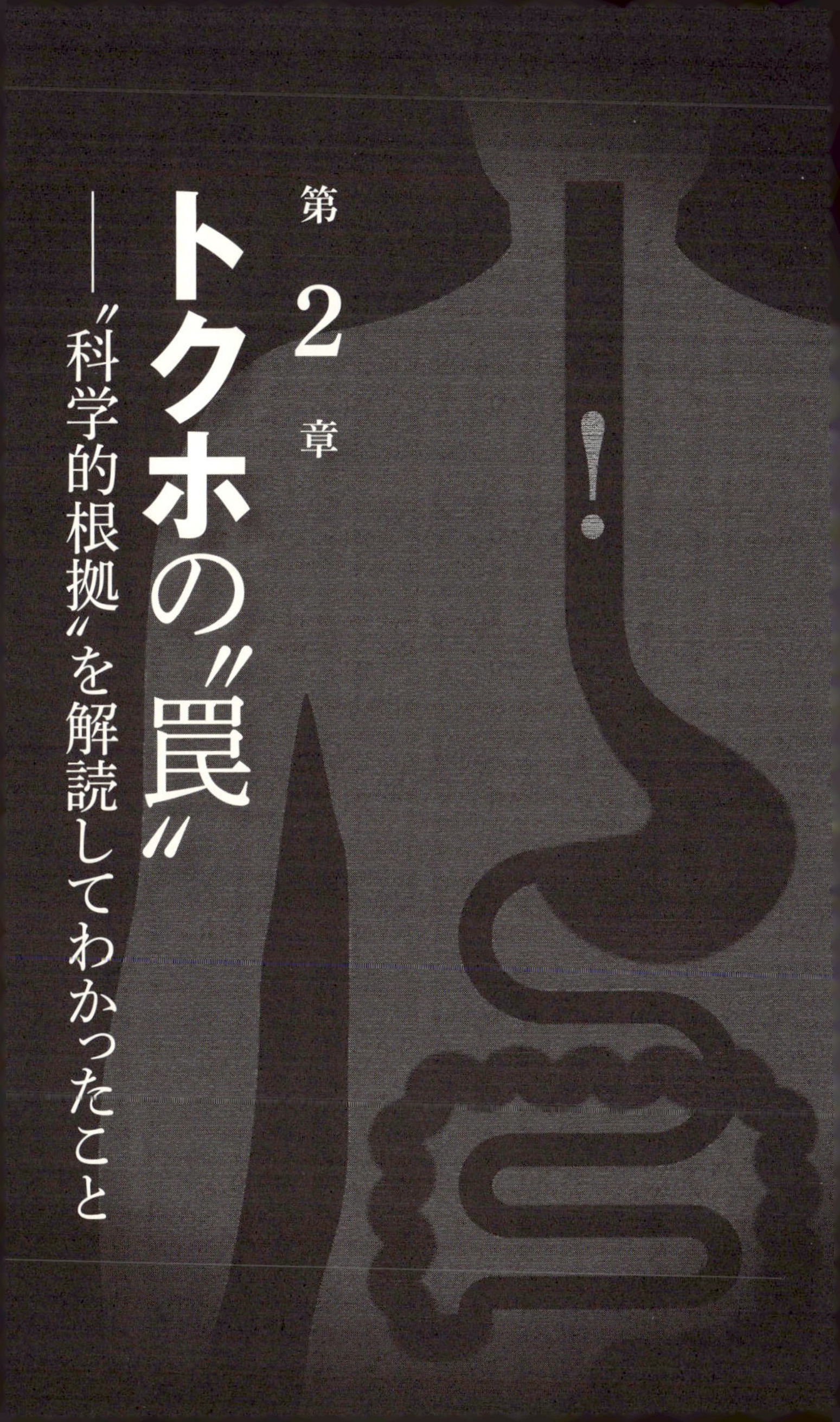

第2章

トクホの〝罠〟

――〝科学的根拠〟を解読してわかったこと

かつて野放し状態だった「健康食品」市場に導入された初めての公的なしくみが、1991年に創設された「特定保健用食品」制度です。この章では、発足当初は厚生省（その後の省庁再編で厚生労働省）の管轄下にあり、2009年9月1日からは、新たに発足した消費者庁が担当している「トクホ」について、具体例をもとに点検してみることにしましょう。

! 2-1 法的根拠は「健康増進法」

健康増進法第26条には、「販売に供する食品につき、乳児用、幼児用、妊産婦用、病者用その他内閣府令で定める特別の用途に適する旨の表示（以下「特別用途表示」という。）をしようとする者は、内閣総理大臣の許可を受けなければならない」とあります。この「内閣府令」が、「健康増進法に規定する特別用途表示の許可等に関する内閣府令（平成二十一年八月三十一日内閣府令第五十七号）最終改正：平成二七年三月二〇日内閣府令第一一号」です（24ページ表序-2参照）。

ここでいう「特別の用途」の一つが、「食生活において特定の保健の目的で摂取をする者に対し、その摂取により当該保健の目的が期待できる旨の表示をするもの（以下「特定保健用食品」という。）」であり、ここで初めて「特定保健用食品（トクホ）」という用語が登場します。

消費者庁のウェブサイトでは、トクホを「からだの生理学的機能などに影響を与える保健機能成分を含む食品で、血圧、血中のコレステロールなどを正常に保つことを助けたり、おなかの調子を整えたりするのに役立つ、などの特定の保健の用途に資する旨を表示するものをいいます」とあり、さらに「特定保健用食品（条件付き特定保健用食品を含む。）は、食品の持つ特定の保健の用途を表示して販売される食品です。特定保健用食品として販売するためには、製品ごとに食品の有効性や安全性について審査を受け、表示について国の許可を受ける必要があります。特定保健用食品及び条件付き特定保健用食品には、許可マークが付されています」と説明していま す。

発足当初の特定保健用食品は、「錠剤型、カプセル型等をしていない通常の形態をした食品であること」が許可要件でした。ところが、制度開始10年後の2001年には、通常の食品形態とはいえない錠剤やカプセル、粉末状の製品、すなわち、医薬品を連想させる製品形態であってもトクホとして許可されることに変更されました。

2005年には、新たなタイプのトクホがさらに3種類、導入されます。

一つめは「疾病リスク低減表示トクホ」です。関与成分の疾病リスクを低減する効果が医学的・栄養学的に確立されている物質について適用されます。現在はカルシウムと葉酸がこれに該当し、たとえば「この食品はカルシウムを豊富に含みます。日頃の運動と適切な量のカルシウムを含む健康的な食事は、若い女性が健全な骨の健康を維持し、歳をとってからの骨粗鬆症になるリスクを低減するかもしれません」などの表示が可能になります。

二つめが「規格基準型トクホ」です。トクホとしての許可実績が十分であるなど科学的根拠が蓄積されている関与成分は、定められた規格基準に適合してさえいれば、消費者委員会の個別審査ではなく事務局が許可するというものです。難消化性デキストリンやポリデキストロースのような食物繊維と、大豆オリゴ糖やフラクトオリゴ糖などのオリゴ糖で認められています。

三つめが「条件付きトクホ」です。トクホの審査で要求される有効性の科学的根拠のレベルには届かないものの、一定の有効性が確認される食品を、限定的な科学的根拠である旨の表示をすることを条件に許可対象とするものです。「○○を含んでおり、根拠は必ずしも確立されていませんが、△△に適している可能性がある食品です」などの表示が許されます。「機能性表示食品」という新たな枠が設けられた現在、この条件付きトクホは再考を迫られる制度となっています。

なお、これら3種のトクホが導入された２００５年には、保健機能食品に対し、「食生活は、主食、主菜、副菜を基本に、食事のバランスを。」の表示が義務づけられました。

2-2 許可を受けたトクホ「1242商品」からわかること

消費者庁のウェブサイトには許可を受けたトクホ全製品の一覧表が掲載されており、ほぼ毎月、更新されています（http://www.caa.go.jp/foods/index4.html#m02）。

記載項目は、「通し番号」「商品名」「申請者」「食品の種類」「関与する成分」「許可を受けた表示内容」「摂取をする上での注意事項」「1日摂取目安量」「区分」「許可日」「許可番号」です。

「通し番号」は現時点での番号を示し、一覧表が更新される際に変わることがあります。「食品の種類」は、その製品がどのような食品であるかを示しています。

「関与する成分」は「からだの生理学的機能などに影響を与える保健機能成分」、すなわち保健効果をもたらす物質名です。「許可を受けた表示内容」は、その製品が含有する保健機能成分（関与する成分）によってもたらされる保健効果への言及です。

「区分」には現在、「トクホ」「再許可等トクホ」「規格基準型トクホ」「疾病リスク低減表示トクホ」「条件付きトクホ」の5種類があります。「許可番号」は、現在までに許可されたトクホの総番号であり、失効等による欠番があります。

トクホ一覧表は膨大ですが、全体を眺めてみると、個別の製品だけを見ていたのでは気づかないことが目に入ってきます。２０１６年４月12日に更新されたトクホ許可一覧表には、１２４２品が掲載されています。この一覧表をもとに、「食品の種類」や「関与する成分」、「許可を受けた表示内容」「商品名」等を概観してみましょう。

▼実は60パーセント以上が飲料――「食品の種類」を分類する

表２－１に示すように、「食品の種類」は66項目あり、多岐にわたります。大きな特徴として、液体であれ粉末状であれ、「食品の種類」の名称に「飲料」を含む商品が７６５品目（61・6パーセント）に上り、トクホ全体の６割以上を飲料類が占めていることがわかります。

チューインガムやビスケット等の菓子類が１４９品（12・０パーセント）あり、その６割以上（91品／61・０パーセント）はチューインガムですが、嗜好品である菓子類に保健効果を求めることに違和感を覚えます。

また、「食品」でありながら医薬品を連想させる商品形態である「顆粒、粉末、錠菓《じょうか》」が74品（6・０パーセント）あります。「錠菓」とは見慣れませんが、要するに錠剤のことです。これら商品の「1日摂取目安量」には、「1日●粒を目安に、かまずに、水またはお湯でお召し上がりください」「食事とともに1包を、1日3回を目安に、お飲み物に溶かしてお召し上がりくださ い」とあります。

2-1　トクホ食品の種類

果実着色炭酸飲料
かまぼこ
顆粒
乾燥かゆ
乾燥スープ
乾めん
キャンディー
キャンデー類
クッキー
コーヒー飲料
しょうゆ
しょうゆ加工品
シリアル
シロップ漬け
清涼飲料
ゼリー
ゼリー飲料
ソーセージ類
即席麺
卓上甘味料
茶系飲料(ティーバッグ)
茶系飲料
チューインガム
チョコレート
豆乳飲料
とうふ
はっ酵豆乳
はっ酵乳
ハム類
パン
ハンバーグ
ビスケット類
ファットスプレッド

フィッシュソーセージ
ふりかけ
粉末
粉末飲料
粉末乳飲料
マーガリン
ミートボール
焼きちくわ
ゆでそば
緑茶清涼飲料
果実飲料
果実・野菜飲料
果汁入り飲料
紅茶飲料
錠菓
食用調理油
清涼飲料水
即席みそ汁
炭酸飲料
調製豆乳
調味酢
調味料
乳飲料
乳酸菌飲料
納豆
粉末ゼリー
粉末ゼリー飲料
粉末清涼飲料
米菓
米飯類(白飯)
米飯類(かゆ)
洋生菓子
冷凍醗酵乳(フローズンヨーグルト)

これらに加え、２０１３年６月には醤油が、２０１４年12月には醤油加工品がトクホとして許可されました。どちらも「血圧が気になる方に適する」としていますが、高濃度に食塩を含有する調味料がトクホとして許可されたことに大いなる疑問を感じます。

▼トクホの３分の１を占める〝人気〟成分――「関与する成分」の実態

その製品が標榜する保健機能の機能性を発揮する物質が、「関与する成分」（「関与成分」と略）です。これもまた多岐にわたりますが（表２－２）、「難消化性デキストリン」が４０８品（32・９パーセント）でトクホ全体の３分の１を占めています。

アミノ酸が数個結合した「ペプチド」は、由来食品がイワシやワカメ、乳、大豆など複数ありますが、ペプチドとしてひと括りにすると１６８品（13・５パーセント）と１割を超えます。乳酸菌やビフィズス菌、納豆菌などの「バクテリア関連」も84品と多く、全体の６・８パーセントを占めており、「キトサン」も61品（４・９パーセント）あります。

▼「整腸効果」だけで35パーセント超――「許可を受けた表示内容」

「許可を受けた表示内容」（「許可表示」と略）は、関与成分が同一であっても申請者によって内容や表現が異なります。

「おなか（お腹）の調子を整える」「おなかの調子を良好に保つ」、あるいは「おなかの調子を整え、便通を改善する」のような、いわゆる「整腸効果」に言及する製品が436品あり、これはトクホ全体の35・1パーセントに相当します。

「コレステロールが気になる方の食生活の改善に役立ちます」「血中中性脂肪が気になる方に適します」「体脂肪が気になる方に適しています」などと表示される脂質に関連する商品も271品を数え、21・8パーセントを占めています。

血糖値に対する言及には、「食後の血糖値が気になる方（気になり始めた方）に適しています」「血糖値が気になる方（気になり始めた方）に適しています」などがあります。223品（18・0パーセント）が該当します。

血圧については、「血圧が高めの方に適した」などの表示で128品（10・3パーセント）含まれていました。

▼「商品名」≠「関与成分」

「青汁」や「黒酢」はいわゆる「健康食品」としての知名度が高く、いずれも科学的根拠はないにもかかわらず、「体に良い」と信じる消費者も少なくありません。トクホにも、商品名の一部に「青汁」（または「あおじる」）、「黒酢」を含む製品がそれぞれ89品、8品あります。

[redacted]

LC1乳酸菌
L-アラビノース
MBP®(シスタチンとして)
γ-アミノ酪酸(GABA)
イソマルトオリゴ糖
イソロイシルチロシン
ウーロン茶重合ポリフェノール(ウーロンホモビスフラバンBとして)
大麦若葉由来食物繊維
カゼインドデカペプチド
カゼイ菌(NY1301株)
かつお節オリゴペプチド
ガラクトオリゴ糖
カルシウム
還元タイプ難消化性デキストリン
キシロオリゴ糖
キトサン
グアーガム分解物(食物繊維として)
グァバ葉ポリフェノール
グルコシルセラミド
グロビン蛋白分解物(VVYPとして)
クロロゲン酸類
クロロゲン酸類(5-カフェオイルキナ酸として)
ケルセチン配糖体(イソクエルシトリンとして)
コーヒーポリフェノール(クロロゲン酸類)
コーヒー豆マンノオリゴ糖(マンノビオースとして)
コーヒー豆マンノオリゴ糖
ゴマペプチド(LVYとして)
サーデンペプチド(バリルチロシンとして)
サイリウム種皮由来の食物繊維

2-2 トクホの「関与成分」(1)

◆DHA◆EPA
◆EPA◆DHA
◆L.アシドフィルスCK92株◆L.ヘルベティカスCK60株 ◆Lactobacillus delbrueckii subsp. bulgaricus2038株 ◆Streptococcus thermophilus1131株
◆ガセリ菌SP株◆ビフィズス菌SP株
◆ガラクトオリゴ糖◆ポリデキストロース
◆カルシウム◆大豆イソフラボンアグリコン
◆キシリトール◆マルチトール◆リン酸一水素カルシウム ◆フクロノリ抽出物(フノランとして)
◆キシリトール◆リン酸一水素カルシウム ◆フクロノリ抽出物(フノランとして)
◆キシリトール◆還元パラチノース◆リン酸一水素カルシウム ◆フクロノリ抽出物(フノランとして)
◆難消化性デキストリン◆小麦ふすま
◆パラチノース◆茶ポリフェノール
◆マルチトール◆パラチノース◆茶ポリフェノール
◆マルチトール◆還元パラチノース◆エリスリトール ◆茶ポリフェノール
◆低分子化アルギン酸ナトリウム◆水溶性コーンファイバー
B.lactis GCL2505(BifiX)
B.ブレーベ・ヤクルト株
Bacillus subtilis K-2株
Bifidobacterium lactis LKM512
Bifidobacterium lactis FK120
CCM(クエン酸リンゴ酸カルシウム)
CPP(カゼインホスホペプチド)
CPP-ACP(Caとして)
CPP-ACP(β-CPPとして)
CPP-ACP(乳たんぱく質分解物)
L.カゼイ YIT 9029(シロタ株)

ラフィノース(無水物として)
緑茶フッ素
りんご由来プロシアニジン
リン酸化オリゴ糖カルシウム(POs-Ca)
リン脂質結合大豆ペプチド(CSPHP)
ローヤルゼリーペプチド(VY、IY、IVY)
わかめペプチド(フェニルアラニルチロシン250μg、バリルチロシン250μg、イソロイシルチロシン50μg)
葛の花エキス(テクトリゲニン類として)
寒天由来の食物繊維
高分子紅茶ポリフェノール(テアフラビンとして)
小麦アルブミン
小麦ふすま由来の食物繊維
植物ステロール
大豆イソフラボン
大豆オリゴ糖
大豆たんぱく質
大豆ペプチド
茶カテキン
中鎖脂肪酸
低分子化アルギン酸ナトリウム
杜仲葉エキス
豆鼓エキス
難消化性デキストリン(食物繊維として)
難消化性でん粉
難消化性再結晶アミロース(α-1,4グルカン会合体として)
乳塩基性タンパク質
乳果オリゴ糖

2-2　トクホの「関与成分」(2)

酢酸
植物ステロールエステル
チオシクリトール(ネオコタラノールとして)
燕龍茶フラボノイド(ハイペロサイドおよびイソクエルシトリンとして)
杜仲葉配糖体(ゲニポシド酸)
難消化性再結晶アミロース(α-1,4グルカン会合体として6.0g)
難消化性デキストリン
ネオコタラノール
海苔オリゴペプチド(ノリペンタペプチド(AKYSY)として)
ビール酵母由来の食物繊維
ビタミンK2[メナキノン-4]
ビタミンK2[メナキノン-7]
ビフィズス菌Bb-12(Bifidobacterium lactis)
ビフィドバクテリウム・ロンガムBB536
フラクトオリゴ糖
ブロッコリー・キャベツ由来のSMCS(天然アミノ酸)
プロピオン酸菌による乳清発酵物(DHNAとして)
ベータコングリシニン
ヘム鉄
ポリグルタミン酸
ポリデキストロース
ポリデキストロース(食物繊維として)
マルチトール
モノグルコシルヘスペリジン
杜仲葉配糖体
ユーカリ抽出物(マクロカルパールCとして)
ラクチュロース
ラクトトリペプチド(VPP、IPP)
ラクトバチルスGG株

商品名が「●●青汁」「青汁◆◆」となっているものは多くが「粉末清涼飲料」で、粉末状の製品を水または湯によく混ぜて飲むものです。これらの関与成分は、難消化性デキストリン（44品）、キトサン（29品）、サーデンペプチド（9品）、カルシウム（4品）、大麦若葉由来食物繊維（3品）となっています。

「●●黒酢」は、食品の種類としては清涼飲料水（3品）、調味酢（2品）、ゼリー飲料（2品）、果汁入り飲料（1品）となっており、関与成分はガラクトオリゴ糖（3品）、酢酸（2品）、難消化性デキストリン（2品）、カルシウム（1品）です。

お気づきでしょうか？

商品名の一部に「青汁」や「黒酢」が含まれていても、〝保健効果〟をもたらす成分は緑葉植物や黒酢そのものに由来するわけではありません。右記の「青汁」がトクホとして許可されているのは、難消化性デキストリンやキトサン等が添加されているからなのです。「黒酢」も同様に、酢酸を含んでいたり、ガラクトオリゴ糖や難消化性デキストリンを添加してあるからトクホなのです。「商品名」＝「関与成分」とは限らないことに注意しなくてはなりません（198ページ4－3節参照）。

「トクホが許可された、すなわち国が『保健機能を認めた』青汁や黒酢だから、体に良いに違いない」――そんな誤解を消費者に与えることを心配しています。

▼「関与成分」と「許可表示」の関係は？

それでは、「関与成分」と「許可表示」の関係はどうなっているのでしょうか？

関与成分は同じでも、製品によって許可表示の記述が異なることがあります。同じ成分であっても、申請者ごとに何を「ウリ」にしたいかで申請内容が違ってくるためです。

たとえば、「茶カテキン」を関与成分とする商品同士でも、ある商品は「茶カテキンを豊富に含んでいるので、体脂肪が気になる方に適しています」と表示する一方、別の商品は「茶カテキンのコレステロールの吸収を抑制する働きにより血清コレステロールを低下させるのが特長です。コレステロールが高めの方の食生活の改善に役立ちます」としています。前者は体脂肪に、後者はコレステロールに焦点を当てているわけですが、これら両方を併記する製品もあります。

柑橘類に含まれるヘスペリジンを酵素処理した「モノグルコシルヘスペリジン」を関与成分とするトクホが19品あります。うち18品の許可表示は「血中中性脂肪を低下させる作用のあるモノグルコシルヘスペリジンを含んでおり、脂肪の多い食事を摂りがちな方、血中中性脂肪が高めの方に適しています」ですが、1品だけ「血圧が気になる方に適しています」としています。このヘスペリジンは、ポリフェノールの一種です。

▼「二つの効果」を謳うトクホの矛盾

トクホの約3分の1を占める難消化性デキストリンは、デンプンを加工処理した物質です。デンプンはブドウ糖が多数結合したものですが、それを酸や酵素で分解してブドウ糖の結合数を少なくしたものを「デキストリン」といいます。「分子量を小さくしたデンプン」といえばいいでしょうか。そのデキストリンを100℃以上の高温で加熱したものにデンプン分解酵素を作用させ、分解されずに残った部分——すなわち、難消化性部分——を分離して精製したものが「難消化性デキストリン」です。

難消化性デキストリンの許可表示は、制度発足からの20年間は血糖値または整腸効果への言及だけでした。すなわち、一つが「難消化性デキストリンを含んでおり、糖の吸収をおだやかにするので、血糖値が気になる方に適しています」で、もう一つは「難消化性デキストリンを配合しているため、おなかの調子を整え、便通を改善します」です。

ところが、2011年4月に「本製品は難消化性デキストリン（食物繊維）の働きにより、脂肪の吸収を抑え、糖の吸収をおだやかにするので、血中中性脂肪が高めで脂肪の多い食事を摂りがちな方、食後の血糖値が気になり始めた方に適した飲料です」という許可表示が登場し、次いで同年10月に「本品は、食物繊維（難消化性デキストリン）の働きにより、食事から摂取した脂肪の吸収を抑えて排出を増加させ、食後の血中中性脂肪の上昇をおだやかにするので、脂肪の多い食事を摂りがちな方の食生活の改善に役立ちます」とする「トクホコーラ」が許可されました。これ以降、「脂肪」に言及する製品が増加していきます。

関与成分が難消化性デキストリンである408品の許可表示は現在、次の四つに分類できます。①血糖値（202品）、②整腸効果（187品）、③脂肪（15品）、④血糖値＋脂肪（4品）。

これらのうち、「血糖値＋脂肪」を謳う製品に疑問を感じています。というのも、「糖の吸収をおだやかにする」の根拠となっている実験では「米飯だけ」を食べさせ、「中性脂肪の上昇を穏やかにする」の根拠としての実験では「高脂肪食」を食べさせているからです。

米飯やパンだけを食べたときは急激に上昇する血糖値も、脂肪をたくさん含む食事ではその上昇が抑制されます。一つの製品で二つの「効果」を主張するのであれば、同一の食事で血糖値と中性脂肪値を測定し、どちらの上昇も抑制するというデータを示さなければならないはずではないでしょうか。

! 2－3 変化するトクホCM

▼放映数は減少したが……

序章で述べたように、2010年秋に「健康食品」類利用に関するアンケート調査（回答者1103名）を行い、その中でトクホの利用についても訊ねています。トクホを「利用している」、もしくは「利用したことがある」と回答した人が26・3パーセント（290名）おり、利用のきっかけを複数回答で訊ねたところ「テレビCM」が65・2パーセント、「新聞・チラシ宣伝広告」が30・0パーセントでした。

トクホ利用のきっかけとして大きい位置を占めるテレビCMに関する調査を行うため、翌2011年12月のある一日、民放テレビ4局の放送を24時間録画し、のべ96時間分をチェックしました。ところが、抽出できたトクホCMはわずか3商品で、のべ10件のみでした。

私は2004年にも、トクホのテレビCMを調査したことがあります。当時、許可表示内容を逸脱しているテレビCMが少なからずあると感じていたため、その問題点を調査・指摘することが目的でした。

季節を違えた平日の3日間、朝6時から夜中の12時までの18時間、関東地方で視聴できる民放テレビ5局の放送を録画してトクホCMを抽出しました。このときの商品数は初日が11、2日めが5、3日めが26で、のべ放映数としてはそれぞれ78、26、73と、2011年に比べかなり多い数になっています。

トクホCMがなぜ急に少なくなったのかふしぎに思って調べたところ、2011年6月に消費者庁が「特定保健用食品の表示に関するQ&A（事業者のみなさまへ）」（「トクホの表示Q&A」と略）と題した情報を出していました。

「健康増進法」では当時、「誇大表示の禁止」として「第三十二条の二　何人も、食品として販売に供する物に関して広告その他の表示をするときは、健康の保持増進の効果その他内閣府令で定める事項について、著しく事実に相違する表示をし、又は著しく人を誤認させるような表示をしてはならない」とされており、「トクホの表示Q&A」はこれを解説するものでした。

「表示」と聞くと、容器包装上に記載されているものと思いがちですが、それだけにとどまりません。テレビCMや新聞広告、さらにはウェブサイト上の情報発信も含むことが「トクホの表示Q&A」には明記されています。試験結果やグラフを使用する場合には、「出典や対象者、人数、摂取方法等の試験条件を適切に表示しないものは虚偽・誇大表示となるおそれがあります」とされており、この参考例に従おうとすれば、従来のような誇大な表現を用いたテレビCMは不可能です。トクホCMが激減した背景には、「トクホの表示Q&A」による影響があったと考えられます。

7年間の開きがある2004年と2011年の二つの調査のあいだには、トクホのテレビCM数が少なくなったこと以外にも、大きな変化が生じています。それは、テレビ放映されたCMがすべて、ウェブサイト上の動画で見ることができるようになったことです。したがって、テレビCM特有の問題というとらえ方ではなく、インターネットを含めた動画広告の妥当性を検討することが、今日的課題になってきています。

いずれにしても、トクホCMが少なくなってきているとはいえ、ときに見かけるそれはけっこう刺激的で、「トクホの表示Q&A」を守っていないと思われるものが多々あり、問題は依然として解消されていません。

2－4 「効果」は強調されています

〝等身大〟の説明で販売する商品に文句は言いません。

しかし、「これ」を利用すれば大きな効果があるかのように誤認させる広告を行うトクホは問題です。国が「保健の用途に資する旨」を書くことを「許可」したのですから、いわゆる「健康食品」のようなマネをするのは厳禁です。

以下、具体例を見ていきましょう。

▼高濃度茶カテキン飲料「ヘルシア」シリーズ

茶の樹の葉を加工することで、緑茶や紅茶、ウーロン茶がつくられます。茶の葉には、ポリフェノール化合物である「カテキン類」がたくさん含まれています。

この茶カテキンを関与成分とし、許可表示を「この緑茶は茶カテキンを豊富に含んでいるので、体脂肪が気になる方に適しています」とするトクホ飲料「ヘルシア緑茶」が許可されたのは2003年のことでした。その後、「ヘルシア〜」と名乗る商品は種類を増やし、緑茶だけでなく、ウーロン茶やブレンド茶、炭酸飲料からいわゆるスポーツ飲料まで、実にさまざまな商品群をそろえています。

それら多様な商品群の各名称「ヘルシア〜」における「〜」部分は異なっても、その「効果」の説明には、すべて同じ論文のデータが使われています。また、どの商品にも、「茶抽出物（茶カテキン）」が添加されていることも共通しています。

ただし、後述する「ヘルシアコーヒー」の関与成分は茶カテキンではなく、クロロゲン酸類となっているので、「ヘルシア〜」シリーズがすべて高濃度茶カテキン飲料ではないことにご注意ください。

さて、高濃度茶カテキン飲料「ヘルシア」を販売する会社のウェブサイトには「高濃度茶カテキンのはたらき」という説明書きがあり、「おなかの脂肪が低減　高濃度茶カテキン飲料を1日1本継続飲用した結果、腹部の脂肪を減少させる効果が認められました」という解説とともに、摂取期間12週間で、腹部全脂肪面積が大きく減少した線グラフが掲載されています。「被験者：軽度肥満（平均ＢＭＩ26、平均腹部全脂肪面積３２０㎠）の健常男女80名」と併記されています。

以前は、同じ線グラフ上に「腹部全脂肪面積が24・５㎠減！」と書いてありましたが、現在はなくなりました。計算してみると腹部全脂肪面積が「24・５÷３２０＝０・０７７」、すなわち減少率７・７パーセントであることがわかります。

さらに、「茶カテキン研究」というページもあり、そこには「茶カテキン５４０㎎には、１日約10分のジョギングと同じ消費カロリー効果があります」「消費カロリー　約１００kcal／day」と大きく書かれています。そして、この「１日あたり約１００kcal（ジョギング約10分相当）の消費カロリー」は「茶カテキン入り飲料12週間連続飲用の体重減から推定」との註記があり、高濃度茶カテキン含有飲料の12週間飲用によって体重が１・３kg減少したことを示す線グラフも載っています。

この線グラフの横には、実験内容・結果の概要が小さな文字でびっしり書かれています。「実験参加者は男性43名（平均年齢：42・1歳、平均BMI：26・5）、女性37名（平均年齢：54・8歳、平均BMI：25・9）の計80名。高濃度茶カテキン入り飲料群（1本あたりの茶カテキン量588㎎／340mL、39名）とコントロール飲料群（1本あたりの茶カテキン量126㎎／340mL、市販緑茶飲料に相当　41名）に分けて、ダブルブラインドの併行試験を実施。食生活および運動量を日常生活そのままに維持した状態で、毎日1本、12週間継続飲用した結果、高濃度茶カテキン入り飲料群は全被験者39名で、試験開始時の体重：70・68±1・85（kg）、12週間摂取後：68・99±1・88（kg）で、－1・69±0・28（kg）減少、コントロール飲料群は全被験者41名で、試験開始時の体重：70・36±2・00（kg）、12週間摂取後：69・92±2・10（kg）で、－0・44±0・37（kg）の減少」とのことです。

「ダブルブラインドの併行試験」とは、「二重盲検法」ともよばれるもので、被験者（実験参加者）を2群に分け、一方には試験品（ここでは高濃度茶カテキン入り飲料）を、他方には比較対照品（ここでは通常濃度の茶カテキン入り飲料）を与え、実験する側も実験参加者も誰がどちらを摂取しているのかがわからないようにして行う実験です。

「体重－1・3kg」を大きく印象づける線グラフですが、グラフ横の結果概要を目をこらして読めば「3ヵ月飲み続けて約70kgの体重が1・3kg減った。1ヵ月では0・43kgの減少」であることがわかると思います。こちらの数字を見れば、「その程度か」と感じる人も多いのではないでしょうか。

▼飲んでいい人、悪い人

この商品はまた、「ＢＭＩ22未満の女性に対しては体脂肪低減効果がない。痩せる必要がない人をさらに痩せさせるようなことはありません。だから安全」とも主張しています。安全性の根拠としているのですが、そのことがウェブ上の解説にはまったく触れられていません。

しかし、「体脂肪が気になる方」はＢＭＩ22未満の人にも少なくありません。実際に、私が２００４年に行った調査（回答者１７３２名）でも、「ヘルシア緑茶」利用者２４７人のうち、45パーセントがＢＭＩ22未満でした。「ＢＭＩ22未満の人はこの商品を利用しても体脂肪は減らない、だから安全」と主張しながら、広告ではスリムな男女を起用しているのはなぜでしょうか。

そもそも、日常生活のあり方は変えずに、この商品の飲用による減量であることを強調する姿勢そのものに違和感を覚えます。日常生活を見直して少し改善する、すなわち食べる量を少し減らし、活動量を少し増やすことを心がければ、この程度の減量はさほど難しいものではありません。体重70kgの男性の場合なら、一日に急ぎ足を20分追加して米飯の摂取を60g減らせば、12週間で１７３０gの体脂肪を無料で、しかも安全に減らせる計算になります。

５４０㎎の茶カテキンは「１日約10分のジョギングと同じ消費カロリー効果」をもたらすかも

しれませんが、ジョギング約10分の身体活動で得られる体全体への好影響をもたらしてはくれません。身体活動量が多いことは、肥満をはじめ、高血圧や糖尿病、骨粗鬆症等の予防に良い影響を及ぼすだけでなく、精神面における健全性の維持にも、生活の質を向上させることにも役立ちます。

「1日約10分のジョギングと同じ消費カロリー効果」を強調することは、右記したような身体活動がもつさまざまに重要な側面を、エネルギー消費の増加という一面だけに矮小化《わいしょうか》させてしまいます。

▼クロロゲン酸コーヒー飲料「ヘルシアコーヒー」

許可表示が「本品は、コーヒーポリフェノール（クロロゲン酸類）を豊富に含み、エネルギーとして脂肪を消費しやすくするので、体脂肪が気になる方に適しています」であるコーヒー飲料「ヘルシアコーヒー」は、「1日1本継続飲用した結果おなかの脂肪が低減！」と大書した線グラフを広告に使っています。縦軸は「摂取前からの変化量（㎠）」で、横軸は「飲用期間（週）」です。0週を0とし、12週間後の変化量を結ぶ線が、クロロゲン酸コーヒー飲料飲用群（実験群）では右に下がり、対照飲料飲用群（対照群）は右に上がるように描かれています。

２０１３年の新発売時から２０１５年の半ば頃までは、実験群の12週の結果を示す部分に「1

日1本継続飲用した結果おなかの脂肪面積9・3㎠減！」と書いてありました。対照群には何も書いていないため、縦軸の目盛りから推定して＋5㎠程度と読めます。グラフ脇には「被験者軽度肥満（平均BMI27・7、平均腹部全脂肪面積350㎠）の健常男女109名」の記述もあります。

実験開始時の脂肪面積は350㎠と書いてあるので、「おなかの脂肪面積が9・3㎠減」から計算すると「9・3÷350＝0・0266」、すなわち減少率2・7パーセントということがわかります。前述の緑茶「ヘルシア」の脂肪面積減少率が7・7パーセントだったのに比べ、ずいぶん小さい値というのが私の率直な感想です。

▼グラフの「視覚効果」に惑わされずに

2・7パーセントという数値から「効果」が「大きい」と見るか「小さい」ととるか、感じ方は人それぞれでかまいません。問題は、このような計算をわざわざする人がそれほどたくさんはいないだろうということです。

目を惹くグラフの中でかなりの角度で右下に傾いている線を見て、そして添えられている大きな文字「おなかの脂肪が低減！」に目を奪われて、2・7パーセントの減少率がもつ実質的な意味を冷静に考える余裕はなかなかもてないのではないでしょうか？

実際、「9・3㎠減！」を「おなか周りが9・3㎝減！」と勘違いする人が、私の周囲にはたくさんいました。「えっ！　9・3㎝じゃないの？　9・3㎠ってどういうこと？」と、グラフの意味を説明するたびにびっくりされたものです。

詳しい研究結果を知るために、出典となっている論文を読んでみました。被験者109名の内訳は、実験群が53名（男性29名、女性24名）、対照群が56名（男性28名、女性28名）でした。論文を読んでわかったことを、以下「0週→12週（変化量）」の順で列記します。

体重は、実験群「75・8kg→74・3kg（−1・5kg）」／対照群「75・6kg→75・3kg（−0・3kg）」、BMIは、実験群「27・7→27・1（−0・6）」／対照群「27・7→27・5（−0・2）」、体脂肪率は、実験群「32・4パーセント→31・3パーセント（−1・1パーセント）」／対照群「33・3パーセント→32・3パーセント（−1・0パーセント）」、腹部全脂肪面積は、実験群「347・6㎠→338・3㎠（−9・3㎠）」／対照群「352・2㎠→359・4㎠（＋7・2㎠）」でした。

広告のグラフに添えられている「平均腹部全脂肪面積350㎠」という記載は、実験群と対照群の平均値であり、実験群の脂肪面積で再計算すると「9・3÷347・6＝0・0268」、やはり2・7パーセントであることがわかりました。

図2‐3は、出典論文の表データから作成した、腹部全脂肪面積の実験群と対照群の変化量で

2-3 「おなかの脂肪面積9.3㎠減！」をグラフにしてみると……

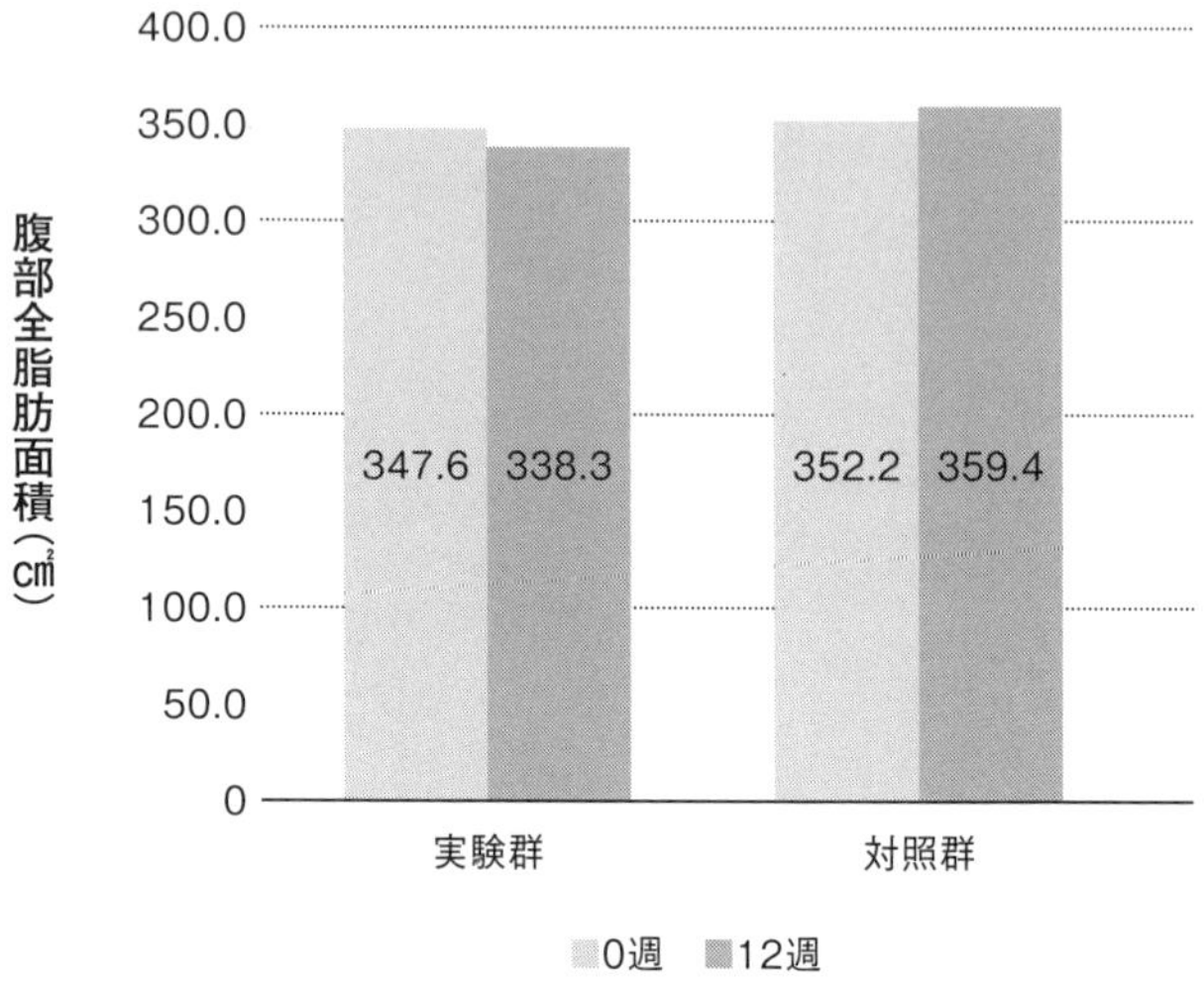

す。腹部全脂肪面積347・6㎠のうち9・3㎠が減少したことを、右肩下がりで描けば大きく見える「視覚的効果」も、このようなグラフの描き方では誤差の範囲程度にしか見えないのが実感ではないでしょうか。

「統計的に有意な差があった」ことを理由に「低減」と書くこと自体はウソではありません。しかし、「効果大」に見えるような「工夫」をすることは厳に慎んでほしいと思います。勘違いする消費者が不注意だといわれるのかもしれませんが、「面積の減少」を「線グラフで表す」ことには大いに疑問を感じます。

なお、前述のとおり、グラフの上部にあった「1日1本継続飲用した結果おなかの脂肪面積9・3㎠減！」の記述は2015年半ば以降、「1日1本継続飲用した結果おなかの脂肪が低減！」へと書き換えられました。数値の表記がなくなったために、減少量はグラフの目盛りから10㎠程度と推定せざるを得なくなっています。

▼コーラ飲料「キリン　メッツ　コーラ」「ペプシスペシャル」

難消化性デキストリンを関与成分とするトクホのコーラ飲料「キリン　メッツ　コーラ」が2012年4月に、そして同年11月に「ペプシスペシャル」が発売され、「脂肪の吸収を抑える」と謳うコーラの宣伝文句が街中にあふれるようになりました。どちらの商品も、約5gの難消化性デキストリンが添加されています。

キリン　メッツ　コーラの発売当初は、容器ラベル上のトクホマークの横に「食事の際に脂肪の吸収を抑える」と書かれていましたが、いつの時点からか「食事から摂取した脂肪の吸収を抑え、排出を増加させる」と、より効能・効果を強調した文言に変更されています。キリン　メッツ　コーラもペプシスペシャルも、足並みをそろえるかのように同様の表現です。

キリン　メッツ　コーラの許可表示は、「本品は、食事から摂取した脂肪の吸収を抑えて排出を増加させる難消化性デキストリン（食物繊維）の働きにより、食後の中性脂肪の上昇を抑制するので、脂肪の多い食事を摂りがちな方、食後の中性脂肪が気になる方の食生活の改善に役立ちます」です。他方の、ペプシスペシャルの許可表示は「本品は、難消化性デキストリン（食物繊維）の働きにより、食事から摂取した脂肪の吸収を抑えて排出を増加させ、食後の血中中性脂肪の上昇をおだやかにするので、脂肪の多い食事を摂りがちな方、血中中性脂肪が気になる方の食生活の改善に役立ちます」となっています。

文言の配置はやや異なりますが、その保健効果を要約すると両製品とも「難消化性デキストリンの働きにより、食後の血中中性脂肪の上昇を抑制する」がその骨子です。ところが、「食後の血中中性脂肪上昇抑制」の意味が消費者に伝わりにくいためか、難消化性デキストリンを形容する「食事から摂取した脂肪の吸収を抑えて排出を増加させる」が、あたかも保健効果であるかのような広告が展開されています。

キリン メッツ コーラの発売当初のテレビCMはひどいものでした。ボクサーを主人公とするアニメの人気キャラクターを登場させ、減量が必要なボクサーに対して、この飲料を飲みながら、脂肪たっぷりのハンバーガーやピザ、ポテトチップスをたくさん食べても体重増加の心配はない、とイメージさせるものでした。この項では以降、先行商品であるキリン メッツ コーラに焦点を当てますが、ペプシスペシャルについても同様のことがいえると理解してください。

キリン メッツ コーラの商品サイトには「史上初！　特保コーラ」とあり、「史上初」について「特定保健用食品史上初」であることの註記が添えられています。そして、前述した許可表示とともに、「1日当たりの摂取目安量　お食事の際に1本（480mL）、1日1回を目安にお飲みください」と書かれているので、食事のたびに飲むものではないことがわかります。さらに、トクホには「摂取上の注意」があり、商品パッケージには必ず書かなければいけません。この商品の場合は「多量に摂取することにより、疾病が治癒するものではありません。飲みすぎ、あるいは体質・体調により、おなかがゆるくなることがあります」ですが、インターネット上の広告に、それを見つけることはできませんでした。

商品サイト上の「効果のメカニズム」と題するコーナーには「難消化性デキストリンの働き」という説明があり、「更には脂肪が体内へ吸収されるのを抑制し、脂肪の排出が増加します」との記述と、そのメカニズムを紹介するイラストが掲載されています。

その下に、「血中中性脂肪の上昇抑制」と題するグラフがあります。そのグラフは、縦軸が「血中中性脂肪の変化量」、横軸が「食事摂取後の時間」で、「被験者：中性脂肪値120〜200mg／dLの健常成人82名」とあり、出典が記載されています。グラフの横には「食事と一緒にキリン メッツ コーラを飲むと、難消化性デキストリンの働きにより、食後の中性脂肪の上昇が抑制されるという実証結果が出ました」と記載されています。

▼「根拠論文」を読んでみると……？

「効果実証結果」と称するグラフの出典とされる論文を取り寄せて読んでみたところ、以下のように書いてありました。

実験参加者は、空腹時の血中中性脂肪値が正常高値域からやや高め（１２０〜２００㎎／dL）の健常成人男女90名で、内訳は男性が61名、女性が29名でした。年齢は42・８±７・７歳で、身長は１６８・４±７・３㎝、体重が74・０±10・６kg、ＢＭＩが26・１±３・１となっています。

香味を調整した４８０mLの炭酸飲料に難消化性デキストリンを５ｇ含むのが「試験飲料」、含まないのが「対照飲料」で、これらの飲料を飲む際の食事内容は「ハンバーグ、フライドポテト、バターロール」で総脂質量は41・２ｇです。試験飲料または対照飲料を飲みながらハンバーグ等の食事をしたときに、血中中性脂肪値がどのように変化したかを図で示しています。

その図によれば、空腹時、すなわち食事前の血中中性脂肪値は１５０㎎／dLを少し超えたあたりですが、２時間後には２２５㎎／dL程度まで上昇し、３時間後に３００㎎／dL付近に到達します。ピークは４時間後で、対照飲料では３４０㎎／dL、試験飲料では３１０㎎／dL程度まで上昇した後、６時間後には２７５㎎／dLあたりまで低下しています。対照飲料を飲んだ群と試験飲料を飲んだ群とのあいだに、２時間後、３時間後、４時間後時点の血中中性脂肪値に有意差があったとされています。

なお、実験参加者90名のうち８名は、諸般の事情でデータの解析対象外となったため、実質的には82名のデータによる結果なのですが、この82名に限定した男女数や平均年齢、平均身長、平均体重、平均ＢＭＩといった基礎データの具体的な記載はなされていませんでした。

これらの情報をもとに、考察を進めてみましょう。

この飲料の「効果実証結果」なる実験の参加者の男女比は約２対１で、ＢＭＩが26・１という肥満域にありました。空腹時血中中性脂肪値が１２０～２００mg／dLの人びとですが、先にも述べたように空腹時の平均値は１５０mg／dLを少し超えています。

日本動脈硬化学会の「動脈硬化性疾患予防ガイドライン２００７年版」では、中性脂肪値１５０mg／dL以上を「高中性脂肪血症」としています。実験参加者の中性脂肪値は「やや高め」どころではなく、十分に「高中性脂肪血症」と診断される値です。ＢＭＩが26で、中性脂肪値が１５０mg／dL以上にある人びとを「健常成人」と位置づけていいのか、これが第一の疑問です。

次に、試験飲料を飲用する際の、食事の総脂質量に目を向けてみましょう。実験で用いられた41・２ｇは明白な「高脂肪食」です。国民健康・栄養調査結果によれば、２０１０年の日本人の脂質平均摂取量は53・７ｇ／日であり、41・２ｇという値はその77パーセント、すなわち４分の

3以上に相当します。このような高脂肪の食事をしょっちゅう食べることの問題性は、あらためて指摘するまでもありません。

また、「血中中性脂肪の上昇抑制」をグラフで見せるのなら、「血中中性脂肪の変化量」ではなく、血中中性脂肪値そのものを載せるほうが、消費者にとっての情報量は多くなります。空腹時で約150㎎／dLだった中性脂肪の値が、4時間後には300㎎／dLを超えてしまうのか、そのときにこの飲料を一緒に飲むと少し上昇が抑えられるのか、と勉強になるのではないでしょうか。

この飲料摂取で得られた「血中中性脂肪の上昇抑制」は、「肥満かつ脂質異常症と診断されかねない平均年齢約43歳の人びと」を対象にしたものでした。肥満でも脂質異常症でもない若い人たちが、20g程度の脂質量の食事をしながらこの飲料を飲んだときにも、同様に食後の血中中性脂肪の上昇が抑制されるのか否か、この論文からはまったくわかりません。

この論文に書いてあるのは、あくまでも高脂肪食を摂取したときの「食後の血中中性脂肪の上昇の抑制」に関する研究結果です。この結果だけから、「脂肪の吸収を抑える」ことを読み取ることは不可能といわざるを得ません。

▼「脂肪の吸収を抑える」根拠は？

難消化性デキストリンが「脂肪の吸収を抑える」ことを示す根拠論文がどこかにあるのかふしぎに思い、両商品の販売会社にそれぞれ問い合わせたところ、はからずも、両社ともに同じ論文を根拠として回答してきました。それは、難消化性デキストリンの製造・販売企業であるM社の研究員がまとめた論文でした。

実験参加者10名に、日本人の平均的な摂取量である脂質55g／日の食事を摂ってもらい、排泄された糞便を集めてその中の脂質量を測定したものです。難消化性デキストリン15gを摂取した群では1・44g、非摂取群では0・77gという結果でした。

わずか0・67gの差ですが、統計的には有意であったとのことです。しかし、トクホコーラ1本中の難消化性デキストリンは5gで、実験で用いられた15gの3分の1です。0・67gの3分の1、すなわちたったの0・22gの糞便中脂質量が多いことだけを根拠に、トクホマークの横に堂々と「食事から摂取した脂肪の吸収を抑え、排出を増加させる」と書いてあるわけです。

糞便中の脂質量がたった0・22g多いだけで「脂肪排出増加」とよくもいえたものだと、へンに感心してしまいました。いくら「統計的に有意な差」といっても、これでは実用的な意味はありません。「脂肪の排出を増加させる」という文言に欺瞞《ぎまん》を感じるのは私だけでしょうか。

▼むなしく見える「食生活は、主食、主菜、副菜を基本に、食事のバランスを。」

トクホコーラ1本に含まれる難消化性デキストリン5gの摂取による保健効果は、食後の血中中性脂肪上昇をわずかに抑制することでした。にもかかわらず、「この飲料を飲むと、食べた脂肪がチャラになる」と誤解させかねない広告は、これがトクホであるだけに大問題です。

動脈硬化性疾患を予防するには、空腹時血中中性脂肪値が適正であるだけでなく、食後の血中中性脂肪の上昇抑制も大切であるらしいとするデータが今、蓄積されつつあります。したがって、難消化性デキストリンに新たな保健効果が加わったこと自体に文句はいいません。しかし、それに多大な効果があるかのように錯覚させる広告には、明確に「ノー」を突きつけなくてはいけません。

トクホコーラの広告は、高脂肪食摂取という、ある種の「乱れた食事」をしても、これを飲めばそれをチャラにしてくれるというメッセージを発しています。「脂質含有量の多い食事のときにこれを飲むと、食後の血中中性脂肪上昇をホンの少し抑えます」よりも、「脂質量が多くなりすぎない食事」のほうが大切であることはいうまでもありません。

トクホには、「食生活は、主食、主菜、副菜を基本に、食事のバランスを。」という決まり文句を必ず記載しなければなりません。ここで紹介したトクホコーラのラベルにももちろん掲げられていますが、その文言がむなしく、そらぞらしく見えてしまいます。

▼ケルセチン配糖体茶系飲料「伊右衛門 特茶」

ケルセチンもまた、ポリフェノール化合物の一つであり、各種植物に含まれる黄色色素です。ケルセチンに糖が結合した「ケルセチン配糖体」を関与成分とする茶系飲料「伊右衛門 特茶」の許可表示は、「本品は、脂肪分解酵素を活性化させるケルセチン配糖体の働きにより、体脂肪を減らすのを助けるので、体脂肪が気になる方に適しています」となっています。

商品サイトには、この飲料を継続飲用した結果として「8週目から体脂肪の低減が認められました」とある矢印の下に「腹部脂肪面積変化量の推移」と題する、脂肪面積が低下したことを示す折れ線グラフが載っています。さらに、「被験飲料の対照飲料との差」という表もあり、8週目での変化量の差（㎠）が平均で「－10・58」であることが示されています。

この飲料を8週間飲用することで腹部脂肪面積が10・58㎠減ったことを適切に評価するためには、飲用開始時の脂肪面積を知る必要があります。その数値は、いったいどのくらいあったのでしょうか？

グラフの説明書きを読むと、実験参加者は「対照飲料群：89名（男：36名、女：53名）、被験飲料群：83名（男：33名、女：50名）　被験者：BMIが25㎏／㎡以上30㎏／㎡未満に属する年

2-4 「脂肪面積の低減」が認められた……!?

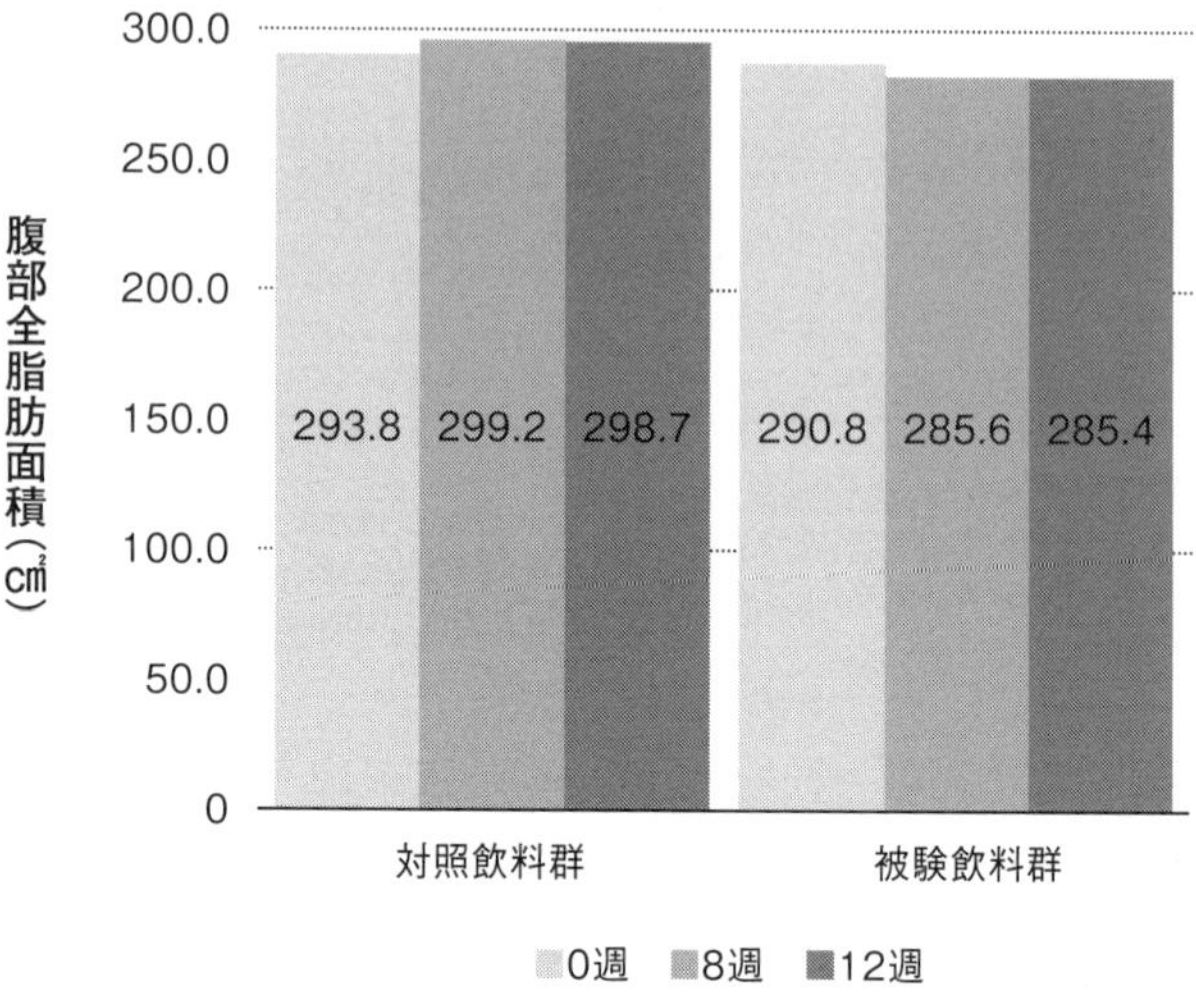

齢20歳以上65歳以下の172名」と記載されているのですが、肝腎の実験開始時の腹部脂肪面積はどこにも書かれていません。「体重が5kg減りました！」というとき、当初の体重がいくらだったのかを明示しなければ、その減少量がもつ意味を判断することはできないはずです。

出典とされる論文を読んで初めて、実態が判明しました。

飲用開始時の腹部全脂肪面積（㎠）は、対照飲料群が293・76±5・83、被験飲料群が290・75±5・11、8週間後の変化量は対照飲料群が+5・45±1・87、被験飲料群が−5・13±1・99でした。対照飲料群は5・45㎠増えていますが、被験飲料群は5・13㎠減っているので、合計して「－10・58㎠」ということなのです。

両群の飲用開始時の脂肪面積は、平均すると292・26㎠ですから、「－10・58㎠」は「10・58÷292・26＝0・036」であり、減少率として考えると3・6パーセントということになります。

商品サイトでは右肩下がりの線グラフを用いて、大きく減少したように印象づけていますが、同じデータを使って対照飲料群と被験飲料群を別々に棒グラフで描いてみたのが図2－4です。約300㎠の腹部脂肪面積における約5㎠の増減は、この棒グラフで見るとさほど大きな変化ではないことが読み取れるのではないでしょうか。

「脂肪面積の低減が認められました」と大きく目立つように書くのなら、飲用開始時の面積をクロロゲン酸コーヒー飲料「ヘルシアコーヒー」のように明記しなければ消費者への情報提供として不適切といわれても仕方ありません。

▼体重はむしろ増えていた

さて、腹部脂肪面積が減ったのなら当然、体重がどう変化したのかが気になるところです。ところが、この広告にはそれに関する記述がいっさいありません。

これまた論文を読んで初めて、飲用開始時の体重（kg）は対照飲料群が69・97、被験飲料群が69・74であることがわかりました。8週間後の変化量（kg）は対照飲料群が「－0・07」、被験飲料群が「－0・05」、12週間後の変化量（kg）は対照飲料群が「－0・07」、被験飲料群が「＋0・07」でした。

なんと、腹部脂肪面積は減少したというのに、体重はほとんど減らないどころか、意地悪くいえば被験飲料群で70g増えているのです。この結果では、広告紙面に掲載したくないであろうことが容易に想像されます。

なお、この飲料の許可表示は「体脂肪を減らすのを助ける」ですが、容器上では大きく「体脂肪を減らす」と言い切っています。「減らす」と「減らすのを助ける」のあいだにはニュアンスの差が相当にあると思うのですが、この違和感をうまく説明できずに悩み続けています。

▼ウーロン茶重合ポリフェノール飲料「黒烏龍茶」

ウーロン茶重合ポリフェノールを関与成分とするトクホは4品ありますが、いずれも同じ会社の商品です。トクホ許可一覧表によれば、商品名は「黒烏龍茶」のほか「黒烏龍茶～」が3品ですが、許可表示は2種類あります。

一つは、最初に発売された商品・黒烏龍茶と、3番めの商品である黒烏龍茶オリエンタルスタイル 香るジャスミンの「本品は、脂肪の吸収を抑えるウーロン茶重合ポリフェノールの働きにより、食後の血中中性脂肪の上昇を抑えるので、脂肪の多い食事を摂りがちな方、血中中性脂肪が高めの方の食生活改善に役立ちます」です。

もう一つは、2番めの商品・黒烏龍茶ＯＴＰＰと4番めの商品・黒烏龍茶 香るジャスミンの「食事から摂取した脂肪の吸収を抑えて排出を増加させるので、食後の血中中性脂肪の上昇を抑えるとともに、体に脂肪がつきにくいのが特徴です。脂肪の多い食事を摂りがちな方、血中中性脂肪が高めの方、体脂肪が気になる方の食生活改善に役立ちます」です。

当初は「食後の血中中性脂肪の上昇を抑える」だけだったものに、「体に脂肪がつきにくい」が加わったことになります。しかし、実際には広告文言は区別されておらず、黒烏龍茶も他の3品もともに「脂肪の吸収を抑えて体に脂肪がつきにくい」を強調しているように見えます。

ウェブ上の商品サイトには、ウーロン茶重合ポリフェノールの「効果」を示す三つのグラフが載っています。それぞれの出典は別々で、「中性脂肪の上昇抑制効果」は2004年、「脂肪の排出促進効果」は2006年、「全脂肪面積変化量の推移」は2011年の発行です。それぞれのグラフを子細に点検してみましょう。

▼「中性脂肪の上昇抑制効果」？

縦軸は「血中中性脂肪増加量（㎎／dL）」、横軸は食事後の経過時間で、黒烏龍茶飲用群は対照飲料飲用群よりも中性脂肪増加量が約20パーセント少ないことが折れ線グラフで示されています。グラフの下には「被験者：中性脂肪値100〜250㎎／dLの成人男女20名　高脂肪食とともに黒烏龍茶を飲用し、飲用直前および飲用後の血清脂質濃度の推移を測定」と書かれていますが、これ以上の情報はありません。

出典論文を入手し、読んでわかったことは次の通りです。

この実験は黒烏龍茶ではなく、黒烏龍茶OTPPに該当する飲料で行われていました。「高脂肪食」は「市販のコーンクリームポタージュスープ200gに無塩バター19gとラード15gを加えた液体試験食（脂肪含有量40g、434キロカロリー）」で、「試験期間中この高脂肪食を一日1回、被験者に摂取させた」ものでした。

実験参加者は当初、22名（男性12名、女性10名）で、平均年齢49・7歳（34〜63歳）、平均BMIは25・9（BMI25以上は13名）、高脂肪食摂取前の血清中性脂肪値は対照飲料飲用群で142・9±15・6㎎／dL、黒烏龍茶OTPP群は143・7±18・6㎎／dL。実験参加者22名のうち、2名は事情があって対象外となりました。

つまり、脂肪がすでに含まれているコーンスープに、バターとラードを加えて脂肪量40gに調製した液状の「高脂肪食」を、日本では肥満に判定される平均BMI26の、血中中性脂肪値が高めの人、もしくは高い人が摂取し、摂取4時間後の血清中性脂肪の上昇が約20パーセント抑制された、という研究だったのです。

脂質異常を抱えておらず、肥満でもない人が被験者だったら、あるいは脂肪量が40gではなく20g、もしくは30gだったら、その効果はどれほどのものだったのでしょうか？　一見「科学的」なグラフを目の前にすると「効く！」と早合点しがちですが、実際の実験条件や被験者の背景にも目配りし、「はたして私はこの条件に該当するのか」を冷静に考える必要があります。

何より、脂質異常になりかけている人が心がけるべきは「食生活の改善」です。「高脂肪食を摂取したときに中性脂肪値の上昇を約2割抑えます」よりも、高脂肪食そのものを食べないほうが有益であることは誰の目にも明らかです。

▼「脂肪の排出促進効果」？

この棒グラフは、「脂肪総排出量」が「対照飲料飲用」では約10g、「ウーロン茶重合ポリフェノール強化飲料飲用」では約20gと読み取れます。そのグラフの上に、右上がりの大きな矢印とともに大きな文字で「約2倍増」と書かれています。グラフの下には「被験者：健康な成人男女12名　10日間、毎食時に高脂肪食品とともにOTPP（ウーロン茶重合ポリフェノール）強化飲料を飲用」とだけあり、それ以上の情報はありません。

出典論文を入手して読んでみると、いろいろなことが判明しました。この研究は、台湾の大学で健康な大学生を募って行われたものでした。

被験者は12名（男性3名、女性9名）、平均年齢22歳、全期間（予備期間がある）にわたって台湾の食事摂取基準（２００１年版）に適合する食事が供され、実験期間中はそれに加えて毎日38gの脂質をポテトチップスから摂取しています。このポテトチップスは、昼食後と夕食後の2回に分けて、食後30分以内に食べられました。

対照飲料および強化飲料は、3食を食べる際に２５０mLずつ、一日あたり計７５０mLを飲んでいます。一日あたり90・2gの高脂肪食を摂取し、最後の3日間の糞便を集めて脂質量を測定した結果、「対照飲料飲用」期間では9・4±7・3g、「黒烏龍茶ＯＴＰＰ強化飲料飲用」期間では19・3±12・9gの値を得ました。

3日間の糞便中の脂質量が対照飲料飲用期間で9・4g、黒烏龍茶ＯＴＰＰ強化飲料飲用期間で19・3gであり、その差の10gは90キロカロリーに相当します。一日あたりに換算すると、30キロカロリーが吸収されずに排出されたことになります。

「脂肪の排出が約2倍増」というグラフにウソはありません。しかし、摂取した脂質量は２７０・６gです。脂質摂取量と排出量の差を吸収量と見なして引き算をすると、対照群では２６１・２g、実験群では２５１・３gとなります。これをグラフ化したものが図２－５ですが、明瞭な差があるようには見えません。

2-5　脂肪の吸収量をグラフにすると……？

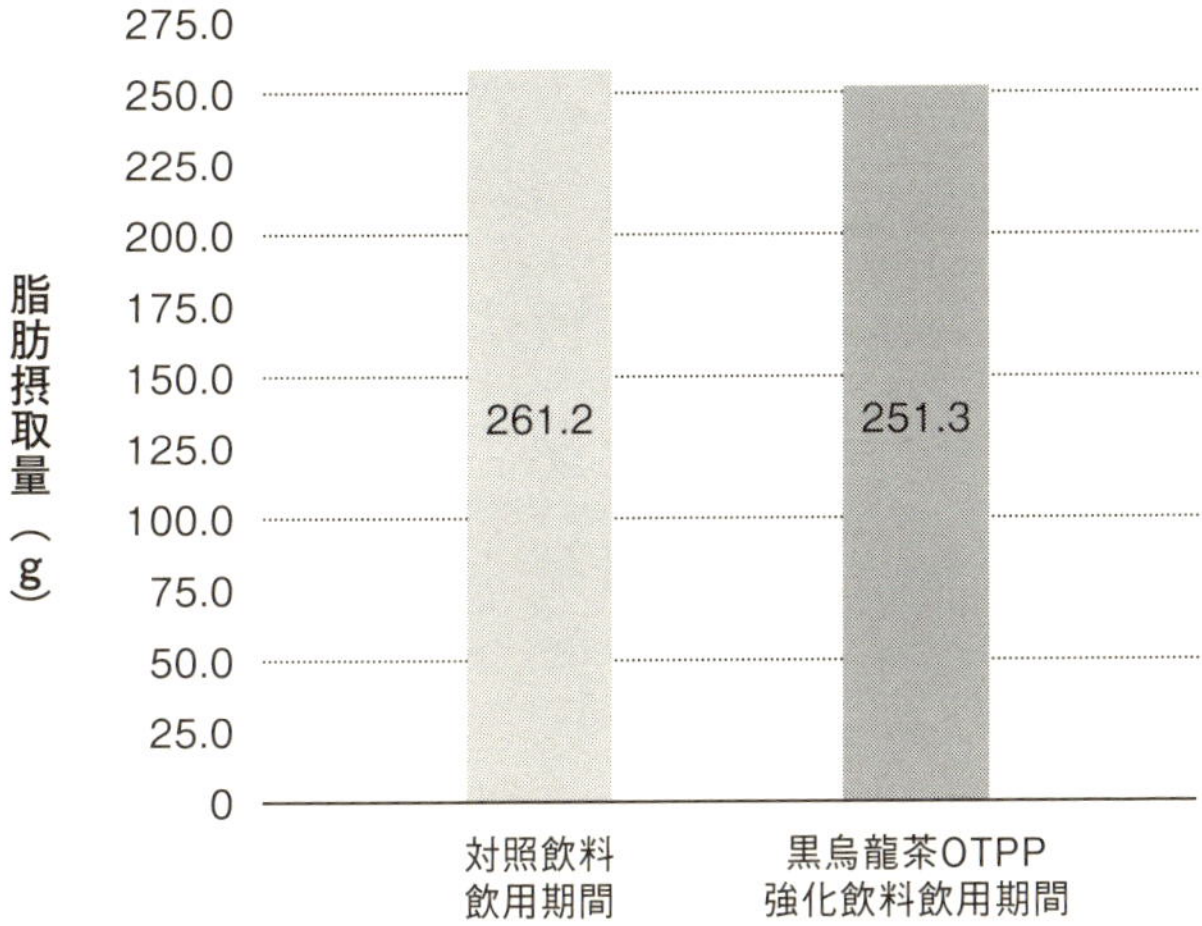

広告に掲載されているグラフからは、「270g」もの脂質を食べて排出された脂質が「約10gと20g」であることは読み取れません。このOTPP摂取による脂肪排出増加率は、3・7パーセントですが（19・3−9・4）÷270・6＝0・0366、つまり≒3・7）、消費者には、実際以上の効果を期待させてしまうのではないでしょうか。

この実験研究が、台湾の大学で台湾の大学生を被験者として行われたものであることに驚きました。「日本独自の制度であるトクホの根拠となる研究は、日本国内で日本人を被験者として行われているはず」は私の勝手な思い込みだったらしく、そのような規定はなかったのでした。

▼「全脂肪面積変化量の推移」？

こちらは折れ線グラフです。縦軸は「摂取前からの変化量（㎠）」で、横軸は「摂取期間（週）」となっています。

摂取期間16週で、対照飲料飲用群は－3㎠程度、黒烏龍茶飲用群は－12㎠程度かと読み取れるグラフですが、ほかに「お腹の脂肪：－11・32㎠、ウエスト：－1・84㎝、体重：－1・49kg、体脂肪率：－1・15パーセント」とグラフ上に記載されています。グラフの下に「被験者：BMIが25・0kg／㎡以上30・0kg／㎡未満の成人男女281名／食事の際に1回1本（350mL）、1日2本黒烏龍茶を16週間飲用」と書かれていますが、これ以外の情報はありません。

これもまた、飲用開始時のデータを掲載しないままに、「これだけ減りました」と強調するいびつな広告表現です。

例によって、出典論文を取り寄せて内容を確認しました。記述の都合上、黒烏龍茶飲用群を「実験群」、対照飲料飲用群を「対照群」とし、それぞれの実験開始時のデータを「実験群／対照群」の順で列記します。

実験参加者は「141名（男性80名、女性61名）／140名（男性77名、女性63名）」、平均年齢は「44・3歳／43・9歳」、体重は「75・72kg／75・89kg」、平均BMIは「27・28／

27・40」、体脂肪率は「31・98パーセント／32・48パーセント」、ウエスト周囲径は「92・43cm／93・13cm」、全脂肪面積は「339・04㎠／345・66㎠」です。

16週間後のデータも、同様に「実験群／対照群」で列記します。全脂肪面積は「－11・32㎠／－3・13㎠」、体重は「－1・49kg／－0・07kg」、BMIは「－0・54／－0・02」、体脂肪率は「－1・15パーセント／－0・11パーセント」、ウエスト周囲径は「－1・84cm／－0・15cm」でした。

「お腹の脂肪：－11・32㎠、ウエスト：－1・84cm、体重：－1・49kg、体脂肪率：－1・15パーセント」という数値をそれぞれの飲用開始時の数値で割れば、減少率が得られます。「お腹の脂肪：11・32÷339・04＝0・0333、ウエスト：1・84÷92・43＝0・0199、体重：1・49÷75・72＝0・01968、体脂肪率：1・15÷31・98＝0・03596」となりました。

減少率としてみると、全脂肪面積は3・3パーセント、ウエストは2・0パーセント、体重は2・0パーセント、体脂肪率3・6パーセントとなります。

ウェブ上のグラフからは、全脂肪面積が大きく減ったように見えます。しかし、きちんと計算すると、その減少率は16週間飲用してわずかに3・3パーセントなのです。ここでもウソは書かれていません。しかし、ウソでないからといって、グラフ作成のトリックで効果が大きく見えるように提示していいかといえば、決してそうではないと私は思います。

▼中鎖脂肪酸が多い食用調理油「ヘルシーリセッタ」

トクホの食用調理油は7品存在します。関与成分は「植物ステロール」が4品、「中鎖脂肪酸」が3品です。

中鎖脂肪酸を関与成分とする「ヘルシーリセッタ」の許可表示は、「この油は、中鎖脂肪酸を含み、体に脂肪がつきにくいのが特徴です。体脂肪が気になる方や、肥満気味の方は、通常の油に替えて、この油をお使いいただくことをおすすめします」であり、摂取目安量については「1日あたり14g程度を摂取してください」と書かれています。

この製品を紹介するウェブサイトには、「12週間で、体脂肪、内臓脂肪、体重、ウエストが減りました」と書かれた折れ線グラフが載っています。ふつうの調合サラダ油を利用したグループ（対照群）と比べて、この製品を利用したグループ（実験群）の減少効果の大きいことが容易に見てとれるグラフです。そして、「健康な成人男女82名で平均BMIが24・6kg／m²の方を対象に、『ヘルシーリセッタ』または『調合サラダ油』何れか14g／日を含む食事を12週間連続摂取」との解説があります。

このグラフもまた、示されているのは「減少量」であり、掲載されている情報だけでは、実験開始時の状況や正確な数値を知ることはできません。図の出典論文を読んだ結果を、以下のように整理してみました。

実験開始時のデータを「実験群／対照群」の順で列記します。実験参加者は「40名／42名」、平均年齢は「35・6歳／37・0歳」、体重は「71・9kg／71・2kg」、平均BMIは「24・7／24・6」、体脂肪率は「23・4パーセント／23・3パーセント」、ウエスト周囲径は「86・9cm／86・2cm」、体脂肪量は「17・0kg／16・7kg」、内臓脂肪面積は「66・7cm²／71・0cm²」です。

12週間後のデータは数値だけでなく「減少率」も併記されているため、「実験群／対照群」の「減少量」に加え、減少率を（　）内に列記します。体重は「4・5kg／3・3kg（6・1パーセント／4・5パーセント）」、平均BMIは「1・5／1・1（6・1パーセント／4・5パーセント）」、体脂肪率は「4・9パーセント／3・8パーセント（23・1パーセント／17・0パーセント）」、ウエスト周囲径は「4・0cm／2・8cm（4・6パーセント／3・2パーセント）」、体脂肪量は「4・4kg／3・3kg（27・4パーセント／20・4パーセント）」、内臓脂肪面積は「15・9cm²／9・3cm²（23・6パーセント／12・1パーセント）」でした。

▼「対照群に現れた結果」こそ重視すべき

実験群の減少は対照群よりも大きく、その差はいずれも「統計的に有意」とのことです。しかし、この結果を読んで私が感じたのは、この製品の「効果の大きさ」ではなく、対照群における改善の大きさでした。ごくふつうの調合サラダ油を使いながら、対照群では3ヵ月で3・3kgも体重が減っているのです。栄養指導上、1ヵ月で1kgの減量はすばらしい結果といえます。

実験参加者はきちんと食事をし、飲酒量も減らしていました。対照群に現れた結果は、こういう生活を送れば、特別な油を使わなくても余分な体重は減るのだという事実を、如実に物語ってくれています。そのような十分な節制のもとで、ヘルシーリセッタを使えば1・2kgさらに減る、というのが実験の示す結果です。

決して、「この油を使った揚げ物なら、いくら食べても太らない」わけではないのですが、いかにもそう誤解してしまいそうなテレビCMが、かつて放映されていました。「体に脂肪がつきにくい」という文言を、「体に脂肪がつかない」と読み違えるのは厳禁です。

▼難消化性デキストリン配合大麦若葉青汁「ヘルスマネージ」

やたらに長い「ヘルスマネージ大麦若葉青汁　難消化性デキストリン」という商品名は、「青汁」と銘打ってはいるものの、難消化性デキストリンが入っていることを強調したいように見えます。関与成分は当然、難消化性デキストリンで、許可表示は「本品は、食物繊維（難消化性デキストリン）の働きにより、糖の吸収を緩やかにするので、食後の血糖値が気になる方に適しています」です。

広告には、「食後血糖値の推移」と題する折れ線グラフが使われています。「ヘルスマネージ大麦若葉青汁　難消化性デキストリン」摂取群（実験群）と対照品摂取群（対照群）の食事摂取120分後までの血糖値曲線です。グラフの上部には「食後30分の血糖値の上昇を抑制！」と大書され、「30分後」の血糖値は対照群が149・7㎎／dL、実験群が141・8㎎／dLと記載されています。

グラフ下には「試験方法　食後血糖値が上がりやすい被験者22名（男性14名、女性8名）を2群に分け、ヘルスマネージ大麦若葉青汁　難消化性デキストリン及び対照食（関与成分：難消化性デキストリンを抜いたもの）を米飯とともに摂取させ、食後の血糖値を比較したクロスオーバー試験（2群に分けた各被験者に対し、試験食と対照食を時期をずらして交互に摂取させ、それぞれの結果を集計し評価する試験法）を行った」旨が記載されています。

「試験結果　『ヘルスマネージ大麦若葉青汁　難消化性デキストリン摂取群』は、対照品摂取群に比べ、摂取30分後の血糖値の有意な上昇抑制効果が見られた」と書かれています。

▼「血糖値が上がりにくい人」の数値に異常が……？

例によってグラフの出典論文を入手し、読んでみると、意外なことがわかりました。広告グラフ上の説明では「食後血糖値が上がりやすい被験者22名」となっているのに、実際の実験参加者は46名でした。そのデータが、「全員46名分」と「食後血糖値が上がりやすい22名」「食後血糖値が上がりにくい24名」で検討された研究の結果だったのです。

実験参加者46名全体の結果では、摂取後60分の血糖値について、実験群は対照群よりも推定7㎎／dL程度低く見えるものの「有意な差」ではないらしく、論文中でも両群に「差は認められなかった」と記されています。

しかし、食後血糖値が上がりやすい群の22名においては、摂取後30分の血糖値が実験群は対照群より7・9㎎低く、これは有意となっています。一方、食後血糖値が上がりにくい群では、実験群が対照群を上回る血糖値を示しています。特に、摂取後60分では実験群のほうが対照群よりも推定12㎎／dL程度高く、論文中でも「有意」と認めているのです。

「食後血糖値が上がりやすい被験者22名」では、7・9㎎／dLを「上昇を抑制！」とアピールしながら、「食後血糖値が上がりにくい被験者24名」では実験群のほうが食後血糖値が高いことを隠していることになります。食後血糖値が上がりにくい人の血糖値をわざわざ高くしてしまう効果を明示しないのはなぜなのでしょう?

都合のいいデータだけアピールに利用し、都合の悪い数値については黙して語らないのは、消費者に対してあまりにも不誠実ではないでしょうか。

▼トマト酢生活

2016年3月1日、消費者庁はトクホ商品「トマト酢生活」を販売するL社に対し、「健康増進法に基づく勧告」を行いました。

「消費者庁は、本日、L社に対し、健康増進法第32条第1項の規定に基づき、勧告を行いました。L社が『トマト酢生活トマト酢飲料』と称する特定保健用食品に関し、日刊新聞紙に掲載した広告は、健康の保持増進の効果について、著しく人を誤認させるような表示であり、健康増進法第31条第1項の規定に違反するものであるところ、かかる行為は、国民の健康の保持増進及び国民に対する正確な情報の伝達に重大な影響を与えるおそれがあると認められました」としています。

健康増進法第31条第1項では、「何人も、食品として販売に供する物に関して広告その他の表示をするときは、健康の保持増進の効果その他内閣府令で定める事項（次条第二項において「健康保持増進効果等」という。）について、著しく事実に相違する表示をし、又は著しく人を誤認させるような表示をしてはならない」と規定しています。

トクホに対するこのような勧告は初めてのことであり、話題にもなりましたが、「他にもっとひどい商品があるのになぜ」という感想をもたれた方も多いようです。この広告が、「健康の保持増進の効果について、著しく人を誤認させるような表示」と判断された理由はいくつかありますが、「〝薬に頼らずに、食生活で血圧の対策をしたい〟そんな方々をサポートしようと開発した」という記述や、「『トマト酢生活』の血圧に対する効果」と題するグラフに添えられた「臨床試験で実証済み！　これだけ違う、驚きの『血圧低下作用』。」という表現が、特に問題とされました（傍点引用者）。

これらが、「薬物治療によることなく、本件商品を摂取するだけで高血圧を改善する効果を得られるかのように示す表示をしていた」と見なされ、適切な医療を受ける機会を逸する可能性があることが問題視されたのです。

3月1日の勧告発表前から、すでにこれらの表現は広告から姿を消していました。前述の2点はそれぞれ、「〝血圧とは一生の付き合いだから、毎日の食生活で対策したい。〟そんな方々をサポートしようと開発した」と「臨床試験で確認済み！　これだけ違う、注目の『血圧への作用』！」に変更されていました。

なお、このトクホの許可表示は「本品は食酢の主成分である酢酸を含んでおり、血圧が高めの方に適した食品です」であり、関与成分は「酢酸」です。

実は、この広告には消費者庁が指摘していない問題点がまだあります。

「『トマト酢生活』の血圧に対する効果」のグラフは、収縮期血圧（上の血圧）と拡張期血圧

（下の血圧）を別々に並べて載せており、その説明として「血圧が高めの方90名を2グループに分けて臨床試験を実施。『トマト酢生活』を毎日1パック（100g）12週間飲み続けたグループは、飲用前に比べ上の血圧が平均約8㎜Hg低下しました」とあるのですが、これが違うのです。

出典論文のデータを読むと、90名を2群に分けて行った結果のデータは、7・3㎜Hgの低下となっています。被験者90名を「正常高値血圧者46名」と「軽症高血圧者44名」に分けて検討すると、軽症高血圧グループが8・5㎜Hgの低下であり、正常高値血圧グループでは6・1㎜Hgの低下でした。

また、論文中のグラフは、収縮期血圧と拡張期血圧を同一グラフ内で描いています。しかし、広告のグラフは両者を分けて、そのぶん一目盛りが大きくなるように、すなわち、その差がとても大きく見えるように描いているのです。

▼「国が許可した唯一の……」でなくても

価格の高いトクホをわざわざ買わなくても、代わりにいい食品がある例を紹介します。

「国が許可した唯一のEPAトクホ飲料で血中中性脂肪を下げよう！」と、大げさに宣伝する飲料（300円／本）があります。EPA（イコサペンタエン酸）とDHA（ドコサヘキサエン酸）を0・86g配合してあり、一日1本の飲用で血中中性脂肪が低下するという触れ込みです。

しかし、EPAとDHAを摂るために、一日1本300円を浪費する必要はありません。イワシやサンマ、サバは、たくさんのEPAとDHAを含んでいるので、当然ながらその缶詰製品もEPA・DHAが豊富です。

たとえば、EPAとDHAの含有量が表示されているイワシ缶詰（130円／缶）を見ると、EPAとDHAが3・5g、サンマ缶詰（100円／缶）では4・6gとありました。EPA・DHAの1gあたりの単価を計算すると、トクホ飲料では349円、イワシ缶詰では37円、サンマ缶詰では22円となります。

このイワシ缶とサンマ缶を一週間に1缶ずつ食べれば、8g程度のEPAとDHAが摂取できる計算です。EPAトクホ飲料を7日間飲み続けた場合の6・02gよりも多いEPAとDHAを、ずっと低価格で摂取できるわけです。加えて、魚の缶詰なら魚肉タンパク質も一緒に摂れる利点があります。

なお、毎日コツコツ摂らなくていいのかと心配される方もいらっしゃるかもしれません。終章で詳しく説明しますが、栄養素やエネルギーの摂取量は1日ごとの変動があるのがふつうです。したがって、1週間程度で平均して考えれば問題はありません。

ここまで読んできて、たとえ100キロカロリーでもエネルギー消費を増加できるなら、あるいは、ほんの少しでも血圧を下げられるのなら、「トクホを利用する」という人もいらっしゃることでしょう。

そのような方にご提案します。

「これを利用すれば痩せられる、血圧が下げられる」とトクホに依存するのではなく、「体重減少（血圧低下）の決意と実践を日々再確認するために」利用されてはいかがでしょうか？　トクホは総じて、類似の他商品より価格が高めです。それを飲んで（食べて）、その他の生活改善を忘れずに実践すれば、期待する効果は得やすくなることでしょう。

＊

「骨粗鬆症が心配なので『骨密度を高める』と広告するトクホを飲み始めたのですが、無意味でしょうか？」と、訊ねられたことがあります。

加齢に伴う骨密度の低下を少しでも遅らせたいと考えることは、高齢期を生きるうえで大切な認識です。ですから「骨にいいこと」の選択肢として、骨密度を高める成分を含むトクホを利用し始めたことそのものを「無意味」とは決していいません。でも、それだけで「とてもいいことをしている」と満足してしまうとかえって逆効果ですよ、とお答えしました。

骨密度の減少速度を遅くするには、食生活を含めた生活全体の見直しが大切であることはいうまでもありません。骨に刺激を与えるような身体活動をしていますか？　カルシウム摂取を含めた食生活状況は適切ですか？　ビタミンDの皮膚での合成を促すために、屋外での活動をしていますか？

漠然と「骨にいいことをする」と決めても、具体的な実行項目を可視化しないと、いつの間にかやらなくなってしまうことはよくあります。そこに、トクホの出番があります。お金を払って購入したトクホを飲むことを、「骨にいいことをする決心の再確認」と位置づけ、やるべきことをやる原動力にすれば、必ずしも無意味ではないからです。

繰り返しますが、「『骨にいい』というトクホを飲んでいるから骨のことはもう心配ない」と勘違いしたら、そのトクホ摂取は無意味どころか生活改善にかえって有害になりうるのです。

食品中の機能性成分に関する研究が進展することに、なんら異論はありません。多様な食品を食べることの重要性を裏付ける成果として大切です。しかし、その研究が商品化され、これを利用しさえすれば「健康が買える」と錯覚させるような印象を消費者に与える売り方には、大いなる異議を申し立てるものです。

確かに、トクホは消費者庁の審査を受け、それに合格した製品です。ヒトを対象とする実験において「関与する成分」を摂取すると、「表示したい機能性」に関する好ましいデータが「統計的に有意な差」をもって得られたことは事実です。

しかし、その有意差が実用的に意味をもつのか否か、どのような良いことをもたらしてくれるのか、不明なことが少なくありません。また、本章で繰り返し試みたように、実験参加者や実験条件を含めて考えると、その「効果」はかなり限定的であることがわかります。その限られた効果を、実際以上に大きく見せる広告が行われていることは、前述のとおりです。今後登場する新たな商品にも、同様の注意を払うようにしましょう。

第3章

〝第二の保健機能食品〟「機能性表示食品」を考える

制度として設けられた順序からいえば、トクホの次に論じるべき保健機能食品は栄養機能食品ということになりますが、本章ではあえて「機能性表示食品」を先に扱います。

「ミニ・トクホ」あるいは「トクホまがい」のような位置づけで制度化された機能性表示食品がはらむ問題性は、個別の審査を経たトクホと対比しながら考えていただくほうがわかりやすいと判断するためです。続く第4章で詳しく検討しますが、栄養機能食品は表示できる機能性が定型文言であるため、表現面に関して苦言を呈する余地はほとんどない点が、トクホおよび機能性表示食品とは大きく異なっています。

3-1 わずか2年弱でつくられた制度

▼騒動の始まりは2013年6月5日

前章で紹介したように、「厳重な審査を経て許可」されたはずのトクホでさえ、その「効果」は微々たるものでしかありません。それにもかかわらず、大きな効果があるかのような広告がまかり通っている現状を放置したまま、「機能性表示食品」という保健機能食品が、制度の準備に2年もかけることなく新たにつくられてしまいました。

トクホ、栄養機能食品に続いて〝第三の保健機能食品〟に位置づけられる機能性表示食品のことの始まりは、2013年6月5日に、内閣総理大臣の諮問機関である規制改革会議による「規制改革に関する答申〜経済再生への突破口〜」の発表でした。

この答申は全81ページからなりますが、「はじめに」には「規制改革は、我が国の経済を再生するに当たっての阻害要因を除去し、民需主導の経済成長を実現していくために不可欠の取組であり、内閣の最重要課題の一つである。（中略）経済再生に即効性をもつ規制改革、緊急度の高い規制改革から優先的に検討を行ってきた」と書かれています（傍点引用者）。国民生活の全般にわたる規制を緩和して経済の活性化を図ることを目的としており、「1 エネルギー・環境分野」「2 保育分野」「3 健康・医療分野」「4 雇用分野」「5 創業等分野」の5分野で構成されています。

「3 健康・医療分野」の「（1）規制改革の目的と検討の視点」は、「①再生医療の推進、②医療機器に係る規制改革の推進、③一般健康食品の機能性表示を可能とする仕組みの整備、④医療のICT化の推進」から成ります。その「③一般健康食品の機能性表示を可能とする仕組みの整備」（48ページ）部分が表3－1の上段です。

要約すると「長寿意識の高まりから『健康食品』市場が伸展しているが、日本では一定以上の機能性成分を含むことが科学的に確認されていても、その容器包装に健康の保持増進の効果等を

3-1 「機能性表示食品」誕生の背景

規制改革に関する答申～経済再生への突破口～
平成25年6月5日 規制改革会議

③一般健康食品の機能性表示を可能とする仕組みの整備

国民の健康に長生きしたいとの意識の高まりから、健康食品の市場規模は約1兆8千億円にも達すると言われている。しかしながら、我が国においては、いわゆる健康食品を始め、保健機能食品(特定保健用食品、栄養機能食品)以外の食品は、一定以上の機能性成分を含むことが科学的に確認された農林水産物も含め、その容器包装に健康の保持増進の効果等を表示することは認められていない。このため、国民が自ら選択してそうした機能のある食品を購入しようとしても、自分に合った製品を選ぶための情報を得られないのが現状である。

また、特定保健用食品は、許可を受けるための手続の負担(費用、期間等)が大きく中小企業には活用しにくいことなど、課題が多く、栄養機能食品は対象成分が限られていることから、現行制度の改善だけで消費者のニーズに十分対応することは難しい。このような観点から、国民のセルフメディケーションに資する食品の表示制度が必要である。(48ページ)

総理大臣による「成長戦略第3弾スピーチ」機能性表示部分

健康食品の機能性表示を、解禁いたします。国民が自らの健康を自ら守る。そのためには、適確な情報が提供されなければならない。当然のことです。現在は、国から「トクホ」の認定を受けなければ、「強い骨をつくる」といった効果を商品に記載できません。お金も、時間も、かかります。とりわけ中小企業・小規模事業者には、チャンスが事実上閉ざされていると言ってもよいでしょう。アメリカでは、国の認定を受けていないことをしっかりと明記すれば、商品に機能性表示を行うことができます。国へは事後に届出をするだけでよいのです。今回の解禁は、単に、世界と制度をそろえるだけにとどまりません。農産物の海外展開も視野に、諸外国よりも消費者にわかりやすい機能表示を促すような仕組みも検討したいと思います。目指すのは、「世界並み」ではありません。むしろ、「世界最先端」です。世界で一番企業が活躍しやすい国の実現。それが安倍内閣の基本方針です。

表示することは認められておらず、国民が自ら選択してそうした機能のある食品を購入しようとしても、自分に合った製品を選ぶための情報を得られない。また、トクホは、許可手続の負担が大きく中小企業には活用しにくい。栄養機能食品は対象成分が限られている。現行制度の改善だけで消費者のニーズに十分対応することは難しい。だから、国民のセルフメディケーションに資する食品の表示制度が必要である」となります（傍点引用者）。

しかし、です。

「一定以上の機能性成分を含む」ように設計・商品化され、個別の審査を経て機能性の表示を許可されたトクホでさえ、その「効果」は前章で述べた程度でしかありません。トクホよりもさらに〝科学的根拠〞に乏しい、いわゆる「健康食品」にどのような「機能性」が表示できるというのでしょうか。

ありもしない、あるいはほんのわずかでしかない機能性を、制度として簡単に表示できるようにするとは、国が「ウソをついてかまわない」と認めたも同然です。そして、その偽りの表示に誘惑された消費者が財布のひもを緩め、一時的に消費が拡大したかのように見えたとしても、それがかえって健康を損なう一因となり、国庫の大きな負担となっている医療費の拡大につながりかねない矛盾を抱えた制度であることは、第1章で指摘したとおりです。

答申が発表されたのと同じ2013年6月5日、内閣総理大臣が内外情勢調査会が開催する全国懇談会に出席し、「成長戦略第3弾スピーチ」を行ったことを首相官邸が発表しています。表3－1の下段に、公開されたそのスピーチ記録の一部を掲載しました。

「国民が自らの健康を自ら守る。そのためには、適確な情報が提供されなければならない。当然のことです」に続くのが、「だから加工食品への食塩相当量の表示が一日も早く必要なのです」なら理解できます。

ところが、実際にはそうではありません。「国民が自らの健康を自ら守る」ために提供されなければならない「適確な情報」がなぜ、いわゆる「健康食品」や農産物に機能性を表示することなのでしょうか。

骨を強くするといわれる食品成分を摂取しさえすれば、「強い骨をつくる」ことができるわけではありません。ほんの少しの助けになるかもしれませんが、食生活を含めた生活全般を見直し、身体活動や屋外での活動（適度に日光を浴びるなど）を適切に実践しなければ、「強い骨」がつくられないのはわかりきったことです。

▼「国民の健康」より「国富の拡大」を重視

それから9日後の2013年6月14日、「規制改革実施計画」が閣議決定されました。「3 健康・医療分野」における「規制改革の観点と重点事項」として「『病気や介護を予防し、健康を維持して長生きしたい』との国民のニーズに応え、世界に先駆けて『健康長寿社会』を実現するため、（中略）『健康長寿社会』が創造する成長産業としての健康・医療関連産業の健全な発達及び我が国の医療技術・サービスの国際展開による国富の拡大の観点から、①再生医療の推進、②医療機器に係る規制改革の推進、③一般健康食品の機能性表示を可能とする仕組みの整備、④医療のＩＣＴ化の推進に重点的に取り組む」というのです（傍点引用者）。

「国民の健康増進」ではなく、「国富の拡大の観点」という表現に驚かされました。

消費者庁は「食品の新たな機能性表示制度に関する検討会」を設け、２０１３年12月から２０１４年７月まで全８回の会議を経て、２０１４年７月30日に「食品の新たな機能性表示制度に関する検討会報告書」を公表しました。ここでつくられる制度のもとでの「食品」の名称をどうするかについてはいくつかの案が出されましたが、結局、「機能性表示食品」に比較的すんなりと決まりました。

後日、「これは単に消費者庁に商品情報を届け出たにすぎないものなのだから、『機能性届出食品』にすべきだった」との声が聞こえてきましたが、私もまったく同感です。

その後、この制度は２０１３年６月28日に公布され、２年を超えない日までに施行することが決まっていた「食品表示法」に組み込まれることとなり、「食品表示法」の「食品表示基準」に「機能性表示食品」という用語が登場しました（25ページ表序‐２参照）。

この機能性表示食品は、2014年度のうちに制度化することが決められていたため、2015年の6月27日までに施行するはずだった新たな法律「食品表示法」そのものが、約3ヵ月も前倒しされて2015年4月1日の施行となった経緯があります。

!3-2 機能性表示食品の情報をチェックする

「厳重な審査を経て許可」されたはずのトクホの「効果」、すなわち「機能性」は、前章で詳述した程度でしかありません。「食品」とはそもそもそういうものなのですから、食品成分にことさら大きな「機能性幻想」は抱かないほうがいいのです。

とはいえ、食生活教育の専門家として、食品の機能性研究そのものを否定しているわけではありません。機能性研究からもたらされる知見は、「さまざまな食品が栄養素以外にも多様な物質を含んでいて、それが私たちの総合的な健康維持に役立ってくれているらしい、だから偏ることなく広範囲の食材を食生活に採り入れるといいんだね」という論に説得力を与えてくれるからです。

それとはまったく異なる価値観・考え方に基づいて始められたのが、「経済活性化」「国富の拡大」のために「トクホより簡単に機能性を表示できる」制度です。「機能性表示食品」と表示するには、消費者庁に何種類もの書類を提出しなければなりませんが、それらに関して内容の審査はなく、形式が整っていれば届出は受理されます。「個別の審査はしない、その代わりに情報を開示するから利用価値の有無は消費者が自ら判断せよ」という趣旨のようで、機能性表示食品に関する情報はインターネット上に公開されています。

消費者庁のウェブサイトには「機能性表示食品に関する情報」ページが設けられており、企業が届け出た商品の情報を知ることができます（http://www.caa.go.jp/foods/index23.html）。同ページには、「機能性表示食品届出一覧」（Excelファイル）があり、届出が受理された商品の「届出番号」「届出日」「商品名」「届出者」「食品の区分」「機能性関与成分名」「表示しようとする機能性」「変更履歴」が一覧表で示されています。

さらに「届出詳細内容」には、それぞれの商品ごとに「一般向け公開情報」と「有識者等向け公開情報（基本情報・機能性情報・安全性情報）」がpdfファイルとして収められているので、ファイルを開けば誰でも読むことができます。「一般向け公開情報」だけでなく「有識者等向け公開情報」を読めば、消費者もより詳しい内容を知ることができます。

3-3 「届出一覧表」から実態を読み解く

消費者庁のウェブサイト上にある「機能性表示食品届出一覧」のExcelファイルは、新たな受理商品を加えながら数日ごとに更新されています。2016年4月5日に更新された一覧表には280商品が載っていますが、届出を撤回した商品もあるため、実際には278商品です。

この278商品の一覧表をもとに、「食品の区分」「機能性関与成分名」「表示しようとする機能性」に注目して概観してみましょう。

▼「それって食品?」——「食品の区分」

「食品の区分」には3種類あり、「1 サプリメント形状の加工食品」「2 その他加工食品」「3 生鮮食品」です。「1」が134商品、「2」が141品、「3」が3品です。

「機能性表示食品の届出等に関するガイドライン」では、「サプリメント形状の加工食品は、本制度の運用上、天然由来の抽出物であって分画(引用者註:含有成分を分離・分取すること)、精製、化学的反応等により本来天然に存在するものと成分割合が異なっているもの又は化学的合成品を原材料とする錠剤、カプセル剤、粉末剤、液剤等の形状である食品を指す。ただし、錠剤、粉末剤及び液剤については、社会通念上、サプリメントとして認識されずに食されているものもあることから、当該食品の一日当たりの摂取目安量に鑑み過剰摂取が通常考えにくく、健康被害の発生のおそれのない合理的な理由のある食品については、サプリメント形状の加工食品ではなく、その他加工食品として取扱ってもよいものとする。なお、カプセル剤形状の食品については、サプリメント形状の加工食品として取り扱う」としています。

それ以外の加工食品が「2 その他加工食品」です。

「生鮮食品」は非加熱食品であり、穀類や豆類、野菜、果実、食肉、鳥卵、生乳、魚介類等が該当します。なお、鳥卵は生鮮食品ですが、市販牛乳は加熱殺菌されているため加工食品となります。機能性表示食品における「3 生鮮食品」は、「うんしゅうみかん」と「大豆もやし」が相当します。

「2 その他加工食品」の食品の種類は、各企業が届け出た情報を個別に点検しないとわかりません。「届出情報の詳細」に収載されている「有識者等向け公開情報」の「基本情報」には、容器包装の表示が掲載されています。そこで、141商品それぞれの食品表示欄にある「名称」(または「種類別」「品名」)を点検しました。

ここには「清涼飲料水」や「チョコレート」のように、その加工食品の内容を表す一般的な名称が書かれるのですが、「葛の花抽出物加工食品」とか「甘藷若葉加工食品」といった「それっ

3-2 「2 その他加工食品」の「名称」による分類

食品の名称	数
清涼飲料水	18
清涼飲料水（希釈用）	8
清涼飲料水（大麦入り緑茶）	1
緑茶（清涼飲料水）	3
グァバ茶（清涼飲料水）	1
むぎ茶（清涼飲料水）	1
ルイボスティー（清涼飲料水）	1
炭酸飲料	14
煎茶　ティーバッグ	1
麦茶（インスタント麦茶）	1
調整ココア	1
コーヒー	1
アミノ酸含有ゼリー飲料	1
はっ酵乳	15
乳製品乳酸菌飲料	2
乳酸菌飲料（乳製品）	1
乳等を主要原料とする食品	1
ラクトアイス	1
チョコレート	5
ウェハース（焼菓子）	2
キャンディ	2
洋生菓子	2
クラッカー	1
ビスケット	1
生菓子	1
はっ酵豆乳食品（生菓子）	1
生菓子（ゼリー）	1
こんにゃく由来 グルコシルセラミド入りゼリー	1

食品の名称	数
米飯類（大麦ごはん）	2
ギャバ無洗米	1
GABA含有米飯類（かゆ）	1
精白麦	1
穀物末含有食品	1
普通精麦	1
蒸し大豆	1
蒸し黒豆	1
トマトジュース （濃縮トマト還元）	3
うんしゅうみかんジュース （濃縮還元）	1
30%混合果汁入り飲料	1
フィッシュソーセージ	4
さば水煮	2
さけフレーク	2
マグロ油漬（フレーク）	2
いわし味噌煮	1
いわし生姜煮	1
いわし梅煮しそ風味	1
魚肉ねり製品	1
食用調合油	1
食物繊維加工食品	5
葛の花抽出物加工食品	5
大麦若葉加工品	4
セラミド含有米抽出物加工 食品	4
甘藷若葉加工食品	2
ボタンボウフウ（長命草） 加工食品	2
ケール加工食品	1

て食品?」と首をかしげる名称も含まれています。登場する「名称」を一覧表にしました(表3-2)。

名称に「清涼飲料水」を含む商品が33品と最も多く、「炭酸飲料」が14品ですが、これにはコーラ飲料のほかノンアルコールビール様飲料(いわゆるノンアルコールビール)も含まれています。「はっ酵乳」はヨーグルトのことで、15品あります。次に多いのが「チョコレート」(5品)で、キャンディやウェハース、ゼリーまで含めると菓子類が17品となります。フィッシュソーセージやサバ、イワシの缶詰もあり、魚製品として14品が掲載されています。

▼トクホに存在しない物質が続々登場——「機能性関与成分名」

その製品の保健機能食品としての機能性を発揮する物質が「機能性関与成分名」(「関与成分」と略)で、トクホの「関与する成分」に相当します。トクホと重複する物質がある一方、トクホには存在しない物質名もたくさん並んでいます(表3-3)。

最も多い関与成分は、トクホと同じく「難消化性デキストリン」で32品あります。これに、ビフィズス菌やガセリ菌などの「乳酸産生菌」(27品)が続きます。それに続くのは、かつてトクホには存在しなかった「葛の花由来イソフラボン」(24品)です。この物質は、2016年3月2日にトクホの関与成分として初めて許可されました。しかし、機能性表示食品の関与成分とし

3-3 「機能性関与成分名」一覧

難消化性デキストリン	32
乳酸産生菌	27
葛の花由来イソフラボン	24
ルテイン、アスタキサンチン	23
EPA・DHA	18
酢酸	16
GABA	14
ヒアルロン酸	12
大豆イソフラボン	7
甘草抽出物	6
DHA	5
L-テアニン	5
ビルベリー由来アントシアニン	4
リコピン	4
グルコサミン関連	4
「ラクトトリペプチド」(VPP、IPP)	4
モノグルコシルヘスペリジン	3
大麦β-グルカン	3
米由来グルコシルセラミド	3
サラシア由来サラシノール	3
松樹皮由来プロシアニジン(プロシアニジンB1として)	3
イチョウ葉フラボノイド配糖体、イチョウ葉テルペンラクトン	3
非変性II型コラーゲン	3
メチル化カテキン(エピガロカテキン-3-O-(3-O-メチル)ガレート)	2
β-クリプトキサンチン	2
イワシペプチド(バリルチロシンとして)	2
αリノレン酸	1
わかめペプチド(フェニルアラニルチロシン、バリルチロシン、イソロイシルチロシンとして)	1
コラーゲンペプチド	1
イミダゾールジペプチド	1
ラクトフェリン	1
キトグルカン(エノキタケ抽出物):エノキタケ由来遊離脂肪酸混合物	1
ポリデキストロース(食物繊維として)	1
キトサン	1
ローズヒップ由来ティリロサイド	1
グリシン	1
L-セリン	1
0.19小麦アルブミン	1
カカオフラバノール	1
エピガロカテキンガレート(EGCg)	1
低分子化ライチポリフェノール	1
還元型コエンザイムQ10	1
5-アミノレブリン酸リン酸塩	1
GSAC(γ-グルタミル-S-アリルシステイン)	1
クルクミン	1

■=2016年にトクホ初認可　■=トクホにない

ては、同年の3月3日時点ですでに19品が届出受理されていました。

　これに次いで多い関与成分は、トクホには存在しない「ルテイン、アスタキリンチン」（23品）で、同じくトクホにはない「ヒアルロン酸」（12品）も目立ちます。このほか、トクホにない関与成分としては「甘草抽出物」「テアニン」「ビルベリー由来アントシアニン」「リコピン」「グルコサミン関連」「イチョウ葉フラボノイド配糖体」「コラーゲン」などもあります。

▼販売事業者のアピール内容――「表示しようとする機能性」

　トクホにおける「許可を受けた表示内容」に該当するのが、「表示しようとする機能性」（「届出表示」と略）です。トクホとは異なり、消費者庁長官による個別審査を経ていないため、「安全性及び機能性に関する一定の科学的根拠に基づき、食品関連事業者の責任において特定の保健の目的が期待できる旨の表示を行うものとして、消費者庁長官に届け出られたものである」（「機能性表示食品の届出等に関するガイドライン」〈http://www.caa.go.jp/foods/pdf/food_with_function_clains_guideline.pdf〉1ページ。傍点引用者）であり、あくまでもその事業者が「表示しようとする機能性」にすぎません。

　これを「届出表示」と称している企業が多いため、ここでもそう略しますが、その本質をしっかり把握しておいてください。いずれにしても、「これを利用すると、こんないいことがありますよ」と事業者がアピールしている内容です。

届出が受理されている278商品が「表示しようとする機能性」は多岐にわたり、すでにトクホで見慣れたものもあれば、初めて目にするものもあります。その文言は微妙に異なり、何をいいたいのかよくわからない表現も含まれますが、私の判断で「何を機能性としているのか」を単

[redacted]

機能性が複数の商品				
	略称			商品数
3機能	食後中性脂肪	食後血糖値	整腸	2
3機能	糖吸収抑制	コレステロール	整腸	2
2機能	脂肪吸収抑制	糖吸収抑制		8
2機能	食後中性脂肪	食後血糖値		6
2機能	食後中性脂肪	整腸		3
2機能	コレステロール	整腸		2
2機能	空腹時血糖値	食後血糖値		1
2機能	末梢体温維持	中性脂肪		1
2機能	眠り	ストレス		1
合計				26

3-4 表示しようとする機能性

	機能性が1つの商品			
	表示しようとする機能性	略称	商品数	
トクホにもある表現	内臓脂肪、皮下脂肪、体脂肪を減らす、減らすのを助ける、等	体脂肪の減少	53	153
	腸内環境改善、腸内フローラ良好化、便通改善	整腸	27	
	血圧を低下、血圧が高めの人に適する、等	血圧	19	
	中性脂肪を下げる、中性脂肪の上昇を抑制	中性脂肪	19	
	HDL-コレステロールを増やす、LDL-コレステロールを下げる	コレステロール	9	
	骨の健康、骨の成分維持	骨	9	
	食後中性脂肪の上昇を抑える、おだやかにする	食後中性脂肪	7	
	食後血糖値の上昇を抑える、おだやかにする	食後血糖値	5	
	糖分の吸収抑制、糖の吸収をおだやかに	糖吸収抑制	4	
	脂肪を消費しやすくする	脂肪消費	1	
トクホにはない表現*	目のピント機能を支援する、光刺激から目を保護、見る力の維持、眼の疲労感軽減、目の調子を整える、等	視機能	27	99
	肌の乾燥緩和、うるおい、保湿力、皮膚の水分保持、等	肌	21	
	膝関節の柔軟性・可動性を支援、関節軟骨維持、腰の違和感緩和、筋肉をつくる力を支援、等	ロコモ	13	
	一時的なストレス軽減、緩和、等	ストレス	11	
	睡眠の質の向上、改善、起床時の疲労感軽減等	眠り	10	
	認知機能の一部の記憶の精度を高める、記憶力の維持、記憶の支援	記憶	8	
	疲労感軽減	疲労	5	
	目や鼻の不快感を緩和	不快感緩和	2	
	末梢体温維持	末梢体温維持	1	
	健康な肝臓の機能維持	肝臓	1	
	合計		252	

*2015年度末までのトクホ許可一覧による

純化し、それを分類したのが表3－4です。

表の左側は単一の機能性を表示しようとする商品で、計252品ありました。上半分は「トクホにもある表現」、下半分は「トクホにはない表現」をそれぞれ品数の多い順に並べています。表の右側は、複数機能を表示する商品の数です。

トクホに類似する表現としては、「内臓脂肪や体脂肪」「血中中性脂肪」への言及、「腸内環境の改善」「血圧が高めの人に適する」「骨の健康」等があり、これらが6割強を占めています。

トクホにない表現としては、「視機能」「肌」が目立ちます。また、関節や軟骨、膝、腰、あるいは「筋肉をつくる力をサポート」のような運動器への言及、すなわち「ロコモティブシンドローム」の予防に役立つことを意味するとおぼしきものを「ロコモ」としてひと括りにすると13品に上り、視機能や肌と同様、老化が気になる高齢者を標的にしているであろうことが容易に想像できます。

なお、トクホには2015年度末まで、「肌」に言及する商品は存在しませんでした。ところが、2016年4月1日に初めての許可品が登場しており、許可を受けた表示内容は「本品は、肌から水分を逃がしにくくするグルコシルセラミドを含んでいるので、肌が乾燥しがちな方に適しています」となっています。25年の歴史の中で皆無だった肌への機能性が、まるで機能性表示食品が後押しするかのようにトクホにまで出てきてしまったようです。

▼「認知症の急増」にもいち早く〝対応〟

「ストレスを軽減・緩和」もまた、10品を超えていますが、どのようなストレスを対象としているかはそれなりに限定しており、「事務的作業に伴う一時的な精神的ストレスを緩和する」「一過性の作業によるストレスをやわらげる」「デスクワークによる仕事のストレス」「作業などに由来する緊張感を軽減」などとなっています。

ストレスといっても原因はさまざまなので、ここでいうストレスは過労や人間関係、健康上の不安などから生ずる慢性的なストレスではないということです。

「睡眠の質を向上させる」も、機能性表示食品特有の表現です。「質の良い睡眠をとることが大事」であることに異論を差し挟む余地はなく、そのために生活環境や自身の生活スタイルを整える努力が必要であることは間違いありません。しかし、そのような生活改善の見直しには目を向けず、この商品を利用すればぐっすり眠れます、というアピールには違和感を覚えます。

「記憶」や「疲労」に言及する商品にも、「科学的にそこまでいえるのか」という印象をぬぐえません。さらには、「健康な人の肝臓の機能の一部である肝機能酵素（GOT、GPT、γ-GTP）に対して健常域で高めの数値の低下に役立ち、健康な肝臓の機能を維持します」と、肝機能を向上させるかのような印象を抱かせる表現までが届出受理されています。

表3－4の右側には、複数機能を謳う機能の組み合わせと商品数を並べていますが、商品数「1」以外の商品の関与成分は「大麦β－グルカン」が4商品であるほかは、すべて難消化性デキストリンです。複数並べられている難消化性デキストリンの「機能性」は、それぞれ別の実験研究を根拠としているのです。

一つの商品に複数の機能を表示しようとする場合、ある特定の条件下で行われた実験研究に基づいていなければおかしいことは、トクホの難消化性デキストリンの箇所でも指摘しましたが（96ページ参照）、機能性表示食品でもまったく同じ事態が生じています。実際、ドラッグストアのチラシ広告に「史上初のトリプル機能！　脂肪・糖・整腸に‼」という表現が見られました。消費者をダマすような機能性表示は許されません。

なお、「EPA＋DHA」の届出表示はトクホと同様に「中性脂肪の低下」ですが、DHA単独商品では「DHAには認知機能の一部である、数・ことば・図形・状況などの情報の記憶をサポートする機能があることが報告されています」を届出表示としています。同様の内容は「イチョウ葉フラボノイド配糖体」にもあり、「認知機能の一部である記憶（知覚・認識した物事の想起）の精度を高めることが報告されています」となっています。

認知症の爆発的な増加を背景とする「健康食品」側の〝対応策〟の一環なのでしょうが、「機能性」の範囲がいったいどこまで広がるのか、心配しています。

3-4 機能性表示食品の「科学的根拠」を点検する

機能性表示食品は「企業等の責任において科学的根拠のもとに機能性を表示できる」のですが、この「科学的根拠」についても、前述した消費者庁のウェブサイト「機能性表示食品に関する情報」に掲載されています。「表示しようとする機能性」の科学的根拠を説明する資料としては、「(i)最終製品を用いた臨床試験」、または「(ii)最終製品又は機能性関与成分に関する研究レビュー」のいずれか一つを用意しなければなりません。

(i)は、これから販売しようとする製品をヒトが実際に摂取した実験の研究結果を論文にしたものです。トクホにおいてはこれが必須で「ヒト試験」とよんでいますが、機能性表示食品では「臨床試験」としています。

(ii)は、最終製品による臨床試験は行わず、すでに行われた複数の研究論文をレビューした結果から、「機能性がある」と主張するものです。

「表示しようとする機能性」に、たとえば「○○に役立ちます」「▲▲の機能があります」と書かれていれば(i)が、「○○に役立つことが報告されています」「▲▲の機能があることが報告されています」とあれば(ii)が、科学的根拠とされていると読み分けることができます。

▼「臨床試験」を科学的根拠とする場合

この場合は、「有識者等向け公開情報」の「機能性情報」に根拠論文が添付されています。すぐに読むことができるので、その「効果」の程度を自分なりに判断することが可能です。ただし、論文の画像が不鮮明のため非常に読みにくい、または読むのが困難な論文もあります。読めないような論文を添付してある商品を受理するな、といいたくなります。

278商品中33商品が、臨床試験を科学的根拠としていますが、同一の論文を複数の商品が根拠としている場合があります。そのようなケースは3例あり、1例は4商品が、他の2例はそれぞれ2商品が、同一の論文を届出情報に添付していました。

ここで提出する論文は、「査読付き論文」とされています。査読付き論文とは、学術雑誌（または学会誌）に投稿された論文を複数人が審査（査読）したうえで、掲載の可否が判断された論文を指します。何の問題もなく「掲載可」として受理されることはまれで、査読者から指摘された不備や問題点を加筆・削除・修正したりするなど、掲載までにそれなりの期間を要する場合がほとんどです。

ところが、臨床試験結果を科学的根拠とする某商品の届出情報に添付されている論文は、投稿受付日のわずか5日後に受理されていました。論文内容も非常にお粗末で、結果を示すグラフとその説明文の記号が一致していないなどの不備もあります。まともな査読が行われていれば、通常はあり得ない、あまりにも初歩的な間違いです。

「査読付き論文」と称してはいても、実質的な査読が機能しないまま論文になっているとおぼしきものを堂々と「科学的根拠」としている商品は、1例だけではありません。

また、実験方法や被験者の背景、結果の解釈等に疑問をもたざるを得ない論文も複数存在するうえに、各商品の根拠論文の数はほとんどが1報だけとなっています。あまりにも貧弱な「科学的根拠」に絶句する思いです。

▼「研究レビュー」を科学的根拠とする場合

この場合は、研究レビューとして採用した論文そのものは掲載されておらず、単に「有意差があった。だから機能性がある」といった論旨だけが示されているものがほとんどです。「効果」の程度を知るには、当該の論文を消費者自身が自ら、手間と時間とお金をかけて入手しなければなりません。

しかも、「複数の」という条件をかろうじて満たすだけの、たった2報の論文で「研究レビューをした。機能性がある」と主張するものもあります。「効果」の程度を十分に判断できない状態で「△△の機能があることが報告されている」といわれても、あまりにも情報不足で「科学的根拠」にはほど遠いのが実状です。

実は、この点はトクホも同様で、トクホ制度が今後も存続するのであれば、根拠論文を必ず開示させるようにしなければ消費者に対して不誠実です。「科学的根拠」とされる論文を容易に入手でき、誰でも読める状況にしておかなければ、検証も批判もできません。個別の審査を経ない機能性表示食品であればなおさら、情報へのアクセスをよりスムーズにしておく必要がありまず。「国民が自ら選択して」「自分に合った製品を選ぶための情報」を得られるようにするというのであれば、消費者自身が利用価値を判断できるような制度運営を切に願うところです。

▼「研究レビューから宣伝広告作成」に対する違和感

ところで、研究レビューを「科学的根拠」としていながら、レビュー対象とした論文の実験数値をグラフ化して、宣伝広告に載せている商品が複数あります。

実験条件や被験者の背景といった詳細な情報を示すことなく、また、それらを知るには論文入手に相当の手間暇をかけなければならないにもかかわらず、「効果がある」と視覚に訴えるかたちで強調するのは、発信のあり方として一方的過ぎないでしょうか。「機能性情報」にヒト試験論文の添付が義務づけられていない中でグラフを宣伝広告に使うのは、トクホを含めて問題が大きいと感じています。

機能性表示食品における２７８商品中、研究レビューを科学的根拠とするものは２４６商品に及びます。臨床試験を科学的根拠とするものは33商品でしたから、合計すると２７９商品になりますが、これは１商品が複数の機能性の表示に対して(i)と(ii)の両方を用いているためです。

機能性を示す「科学的根拠」の説明資料が(i)であれ(ii)であれ、「たったこれだけの結果を〝機能性の科学的根拠〟とするのか」とあきれる思いをぬぐいきれません。根拠は貧弱であるにもかかわらず、一方的な情報提供によってさも大きな効果があるかのように錯覚させる広告も、トクホ同様に少なくないのが、発足から1年が経過した機能性表示食品制度の実態です。

次節では、それらの問題点を個別の商品ごとに考えていきます。

なお、本章の冒頭でも述べたように、機能性表示食品の問題性は、トクホと対比させることで理解が進みやすいため、トクホの許可表示と重複する届出表示を対象に分析することにします。機能性表示食品の届出表示には、前記のようにトクホではいまだ許可例のない、「視機能」「睡眠」「認知機能」等が出現しています。これらについてどう考えればいいのかは、今後の課題にしたいと思います。

! 3-5 トクホより悪質な広告の問題点

▼ガセリ菌SP株含有「恵ガセリ菌SP株ヨーグルト」

新聞の全面広告で「内臓脂肪を減らす」と大書する機能性表示食品「恵ガセリ菌SP株ヨーグルト」は、内臓脂肪面積の減少を示すグラフを広告紙面の下部に載せています。

その上には「成人男女が、ガセリ菌SP株入りヨーグルトを1日1個、12週間摂取したところ、内臓脂肪の減少が確認されました」という説明文があり、グラフの右横には「ヒト試験結果概要」として「摂取12週における腹部内臓脂肪面積の変化量　肥満傾向（BMI値：25kg／m²以上30kg／m²未満、内臓脂肪面積：80cm²以上）の20歳以上65歳未満の成人被験者101名を対象に二重盲検ランダム化比較試験を実施した。被験者は、ガセリ菌SP株入りヨーグルト100gを摂取した群52名（男性：27名、女性：25名）、およびプラセボヨーグルト100gを摂取した群49名（男性：27名、女性：22名）の2群に分け、それぞれのヨーグルトを1日1個、12週間毎日摂取した」とあります。

グラフの縦軸は「腹部内臓脂肪面積変化量（cm²）」で、ガセリ菌SP株入りヨーグルト摂取群（実験群）は約6cm²の内臓脂肪面積が減少し、プラセボ群（対照群）は0・8cm²ほど増加したことが読み取れます。

しかし、実験開始時の内臓脂肪面積は「ヒト試験結果概要」にも記載されていないため、広告紙面のグラフからでは「効果」の程度を知ることはできません。

▼広告に書かれない「不都合な真実」——実は体脂肪率が増えていた

この製品の「表示しようとする機能性」は「本品にはガセリ菌SP株が含まれるので、内臓脂肪を減らす機能があります」であり、「機能性情報」にその根拠となる論文が添付されています。そこで、論文を読んでわかったことを、以下に「実験群／対照群」の順で列記します。

BMIは「27・7／27・6」、体脂肪率は「32・1パーセント／31・6パーセント」、内臓脂肪面積は「113・02㎠／112・06㎠」、内臓脂肪面積変化量は「－5・93㎠／0・80㎠」でした。

このデータから内臓脂肪面積の変化率を計算すると、実験群は「5・93÷113・02＝0・0525」、対照群は「0・80÷112・06＝0・0071」となり、実験群が5・3パーセントの減少、対照群は0・7パーセントの増加であることがわかります。これをグラフに描き直したのが図3－5です。

「脂肪面積が減った」とアピールするグラフを広告に載せるのであれば、実験開始時の脂肪面積

3-5 不親切なグラフ

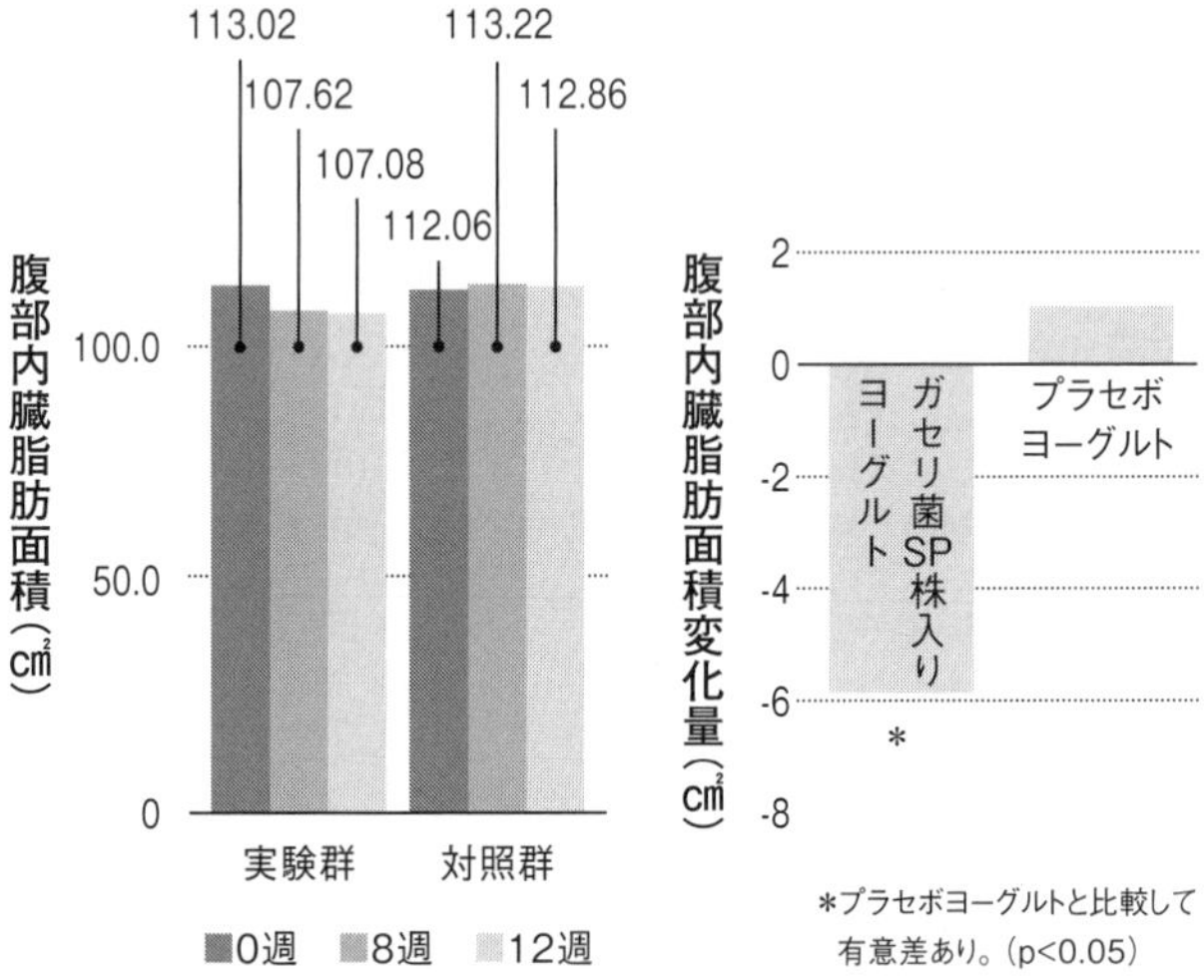

*プラセボヨーグルトと比較して有意差あり。(p<0.05)

を書かなければ情報不足です。それとも、「論文を添付してあるのだから、知りたければそれを読めばいい」ということでしょうか。あまりにも不親切と感じます。

論文からは、さらに首をかしげる事実が見つかりました。

体脂肪率が、実験群も対照群もともに「有意に」増加しているのです。体脂肪率の変化を「0週→12週」で表すと、実験群は「32・1パーセント→32・8パーセント」、対照群は「31・6パーセント→32・5パーセント」で、この差がいずれも有意であると記されています。

両群ともに体脂肪率が増加したことについて、論文では「体脂肪率は、腹部脂肪や内臓脂肪とはあまり関連せず、摂取カルシウム量が多いと体脂肪率が低下するという報告がある。本試験では、試験食品以外の乳製品の摂取を制限した。摂取カルシウム量が低かったので体脂肪率が増加したのではないか」と分析しています。

恵ガセリ菌SP株ヨーグルトの「表示しようとする機能性」や広告紙面では、この体脂肪率の増加についていっさい触れていません。多くの人はふつう、「内臓脂肪が減るなら体脂肪率も減るはず」と考えることでしょう。「それなら利用しようか」と、購入を検討する消費者も少なくないはずです。「内臓脂肪面積を減らす機能があります。体脂肪率は増えました」――「科学的根拠」を依拠する論文に忠実にこう書かなければ、情報不足の誇りはまぬかれないのではないでしょうか。

▼ラクトフェリン含有錠剤「ナイスリムエッセンス　ラクトフェリン」

届出表示が「本品にはラクトフェリンが含まれるので、内臓脂肪を減らすのを助け、高めのBMIの改善に役立ちます」であるこの商品もまた、新聞に全面広告を出しており、二つのグラフを掲載しています。一つは「内臓脂肪面積の変化」で、もう一つが「BMIの変化」です。

これら両グラフの下には、「腹部肥満傾向の健康な成人男女26名を2グループに分け、ラクトフェリンを含有、またはラクトフェリンなしの錠剤を8週間摂取してもらい、腹部脂肪断面積と

ＢＭＩを測定した」とする説明が記載されています。

「内臓脂肪面積の変化」と題する第一のグラフの縦軸は、「内臓脂肪面積の増減（㎠）」です。ラクトフェリン摂取群（実験群）は8週間で大きく右に下がる線が、ラクトフェリン非摂取群（対照群）はほんの少しだけ右に下がった線が描かれています。

実験群の8週間後を示すポイントには、「12・8㎠低減」と強調されていますが、このグラフもまた、読み取れるのは減少量だけです。「効果」を判断するために不可欠な実験開始時の脂肪面積は、広告紙面のどこにも書かれていません。

「ＢＭＩの変化」と題する第二の折れ線グラフの縦軸は、「ＢＭＩの増減（kg／㎡）」です。実験群は4週間後に0・5程度、対照群は同期間中に0・2程度、減ったように見えます。8週間後の値は、実験群で開始時点から0・6程度減ったように見えますが、対照群では0・3程度増えたように見えます。

8週間後の実験群が－0・6、対照群が＋0・3であることから、グラフ上に「0・9kg／㎡低減」と書いてあります。これもまた変化量にすぎず、「効果」の判定に必要な被験者たちの実験開始時のＢＭＩは見当たりません。

この商品は「機能性情報」に根拠論文が添付されているので、すぐに読むことができます。そこからわかったことを、「実験群／対照群」の順で列記します。

3-6 ラクトフェリン摂取による内臓脂肪面積（左）とBMIの変化

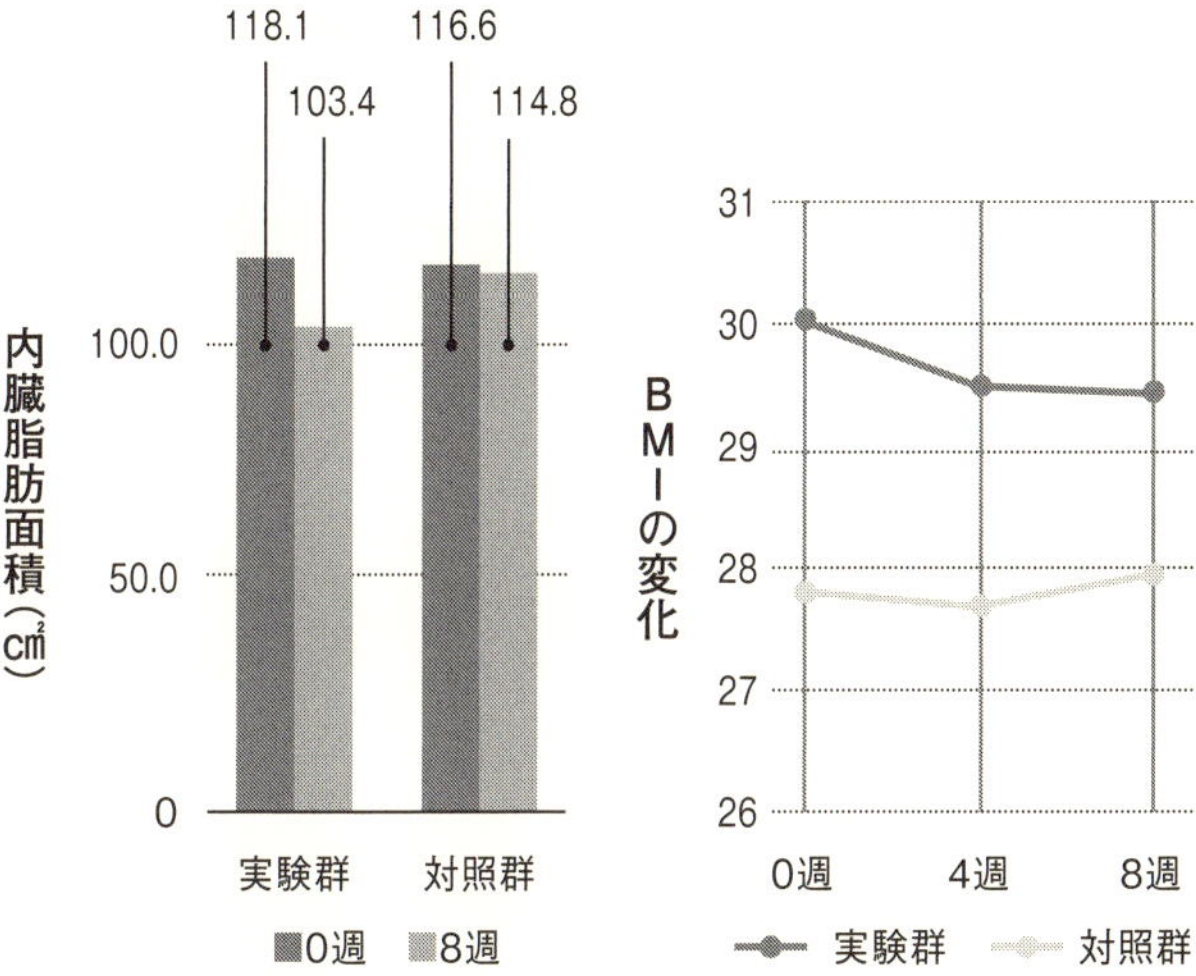

実験参加者は「13名（男性5名、女性8名）／13名（男性6名、女性7名）」、平均年齢は「42・8歳／46・8歳」、体重は「77・7kg／72・9kg」、平均BMIは「30・0／27・7」、内臓脂肪面積は「118・1cm²／116・6cm²」でした。年齢と体重、BMIの3項目が、実験群と対照群でけっこう異なっています。

8週間後のデータは、数値だけでなく「減少量」も併記されているため、それを（）内に記入します。体重は「76・2kg／73・9kg（−1・5kg／+1・0kg）」、平均BMIは「29・4／28・0（−0・6／+0・3）」、内臓脂肪面積は「103・4cm²／114・8cm²（−14・6cm²／−1・8cm²）」でした。

内臓脂肪面積の変化とＢＭＩの変化を論文の数値をもとにグラフ化したのが、図３‐６です。内臓脂肪面積は12・４パーセントの減少率で、それなりの「効果」のあったことが、このグラフでも読み取れます。

ＢＭＩはどうでしょうか。実験開始時のＢＭＩは、実験群が30・０、対照群では27・７で、かなりの差がありました。効果の判断に重要な開始時のＢＭＩを示すことなく「これだけ減りました」と強調していましたが、図３‐６を見るかぎりさほど大きな効果とは思えません。

また、「ＢＭＩ30・０」は、「肥満気味」ではなく「肥満」です。そして、「高めのＢＭＩ」ではなく「高いＢＭＩ」です。日本では、ＢＭＩ25以上を肥満としており、「国民健康・栄養調査報告（２０１２年）」(http://www.mhlw.go.jp/bunya/kenkou/eiyou/dl/h24-houkoku.pdf) によれば、ＢＭＩ25以上30未満の者は19・５パーセント、ＢＭＩ30以上は３・５パーセントです。「平均ＢＭＩ30の集団（実験群）」は正真正銘の「肥満」であり、ＢＭＩ25以上30未満でも「肥満気味」と称するのは正しくありません。

▼「実験期間」は適切か

この研究から得られた結果は、「平均ＢＭＩ30・０の肥満者がラクトフェリンを含む錠剤を８週間摂取したところ、内臓脂肪面積が12・４パーセント、ＢＭＩが０・６、体重が１・５kg減少した」ということです。8週間以上摂取したらさらに減少するのか、これ以上は減らないのか、あるいは元に戻ってしまうのか、まったくわかりません。

また、届出表示の「高めのＢＭＩの改善に役立ちます」が意味するところも不明です。肥満には該当しないＢＭＩ24程度であっても、「高めのＢＭＩ」と気にしている人はたくさんいます。そのような人が利用したときにはたして効果はあるのか、これも不明です。

機能性表示食品の臨床試験の摂取期間は、トクホの試験に準ずると規定されています。

消費者庁のウェブサイトに掲載されている「特定保健用食品申請に係る申請書作成上の留意事項」（http://www.caa.go.jp/foods/pdf/syokuhin1347.pdf）の「ヒトを対象とした試験」には、「摂取期間は、有効性の発現、経時的な効果の減弱（いわゆる『なれ』）がないことの確認のため、一般的には12週間程度以上を設定することが必要と考えられる。特に、変動しやすい項目を対象とするものや体脂肪の蓄積等の適応による戻りの可能性があるものでは、試験期間は長い方が望ましい。／また、12週間以上の摂取期間を設定した場合、4週間以上の後観察期間を設定する。／ただし、カルシウムの吸収を促進するものやおなかの調子を整えるもの等、比較的短期間の試験でも有効性が確認でき、効果の減弱も起こらないことが既知の保健の用途の場合にはこの限りではない」（傍点引用者）とあります。

名指しで指摘を受けている体脂肪に関わる届出表示であるだけに、ラクトフェリン含有錠剤の摂取期間が12週間ではなく8週間と短いことが、どうしても気になります。

▼ビフィズス菌配合「ビフィーナ」シリーズ

サプリメント形状の加工食品であるビフィズス菌配合商品「ビフィーナ〜」には、「〜」部分が異なる4種類があり、個別に届出が受理されています。ただし、4商品のいずれも、関与成分は「ビフィズス菌（ロンガム種）」であり、届出表示も「本品には生きたビフィズス菌（ロンガム種）が含まれます。ビフィズス菌（ロンガム種）には腸内フローラを良好にし、便通を改善する機能があることが報告されています」で共通しています。商品によって錠剤と顆粒状があり、配合している成分がいくらか異なるということのようです。

この商品もまた、新聞広告にグラフを使っています。「ビフィズス菌（ロンガム種）が腸内フローラを良好にし、便通を改善する！」という記述の下に、「ビフィズス菌（ロンガム種）を摂ることで、腸内フローラを良好にし、便通を改善する機能があることが報告されています。そのメカニズムはビフィズス菌が産生する乳酸や酢酸などの有機酸の量が腸管内で増加することにより、排便回数が改善されると報告されています」とも書かれています。

さらにその下には、「ビフィズス菌（ロンガム種）の主な研究データ」として「摂取2週間で腸内のビフィズス菌の割合が増加することが報告されています」と「2週間あたりの排便回数が増加すると報告されています」とする二つのグラフが掲載されているのですが、「研究レビューによる評価です」という断り書きが添えられています。両グラフを細かく検討してみましょう。「ビフィズス菌の割合増加」のグラフは、縦軸が「ビフィズス菌占有率（パーセント）」で、横軸は「対照食品摂取期」と「ビフィズス菌（ロンガム種）を含む食品摂取期」になっています。それぞれの割合が「23・7パーセント」「34・4パーセント」と棒グラフで示され、棒の上には大きな文字で「約1・4倍増」と書かれています。

グラフの下にはその説明として、「被験者：健常女性11名　摂取期間：2週間（ビフィズス菌〈ロンガム種〉を20億個含む食品または対照食品〈ビフィズス菌〈ロンガム種〉を含まない食品〉を2週間毎日摂取）」とあります。

「排便回数の増加」のグラフは、縦軸が「2週間あたりの排便回数（回）」で、横軸が「対照食品摂取期」と「ビフィズス菌（ロンガム種）を含む食品摂取期」になっています。それぞれの回数が「8・4回」「9・6回」と棒グラフで示されており、これを一日あたりに換算すると、それぞれ「0・6回」「0・69回」となります。

「被験者：21歳から45歳（平均年齢31・6±7・2歳）までの重度の便秘症を除く便秘傾向者55名（男性12名、女性43名）のうち週あたりの排便回数が2～5回の者48名　摂取期間：2週間

〈ビフィズス菌〈ロンガム種〉を20億個含む食品または対照食品〈ビフィズス菌〈ロンガム種〉を含まない食品〉を2週間毎日摂取)」と説明が添えられています。

二つのグラフの出典論文は異なっており、「筆頭著者名、雑誌名、巻(号)、頁、発行年」だけが記されていました。

これ以上の情報はなく、実験参加者の背景も不明です。論文を探して入手し、読んでみました。

▼実験に使われていた食品は……?

論文の表題を見て、まず驚きました。

「ビフィズス菌割合増加」(「論文A」と略)はヨーグルトでの、「排便回数増加」(「論文B」と略)はドリンクタイプのヨーグルトでの実験だったのです。発行年は論文Aが1997年、論文Bは2007年です。

「ビフィズス菌(ロンガム種)を20億個含む食品」がヨーグルトを意味することはわかりましたが、「ビフィーナ〜」は錠剤もしくは顆粒状の商品です。ヨーグルトとはかけ離れた形状の「食品」なのに、菌が同じだからということを理由に、グラフ化までして広告に使っていいのだろうか、という自然な疑問が生じます。

ちなみに、論文筆頭著者の所属先はM乳業株式会社で、この会社のヨーグルトが1998年11月に「ビフィドバクテリウム・ロンガムBB536」を関与成分とし、「このヨーグルトは生きたビフィズス菌（ビフィドバクテリウム・ロンガムBB536）を含んでいますので、腸内のビフィズス菌が増え、腸内環境を良好にし、おなかの調子を整えます」を許可表示とするトクホが許可されています。

論文Aにおける「ビフィズス菌（ロンガム種）を含む食品」（「実験食品」と略）とは、「BB536および乳酸球菌、乳酸桿菌《かんきん》を用いて調製したヨーグルト。BB536を2×10^7／mL以上含有」であり、「対照食品」は「乳酸球菌および乳酸桿菌を用いて調製したヨーグルト」でした。

研究内容は二つあります。一つは、ボランティアの女性11人が実験食品と対照食品を2週間ずつ食べ終えたときの糞便中の腸内細菌叢を調べたもので、「ビフィズス菌（Bifidobacteria）」のほか、「Enterobacteriaceae」「Eubacteria」「Bacteroidaceae」の占有率が表として示されています。広告のグラフは、この表の数値をグラフ化したものでした。

もう一つは、これもボランティアの女性39人が実験食品と対照食品を2週間ずつ食べて記録した日々の排便状況を解析したものですが、こちらの結果は広告グラフには使われていません。

▼論文としての基本を欠いた「根拠論文」

いずれにしても、どちらの実験参加者もすべてが女性で、ボランティアであることしか書かれていません。年齢や体格、おなかの調子等を含む健康状態など、「被験者の背景」に関する記述が皆無であることは、研究論文としての基本的情報を欠いていることになります。

論文Bにおける実験食品は、「BB536および乳酸球菌を用いて調製したヨーグルト。BB536を2×10^7／g以上含有、乳酸菌を10^7／g以上含有」であり、「対照食品」は「乳酸球菌および乳酸を用いて調製したヨーグルト。乳酸菌を10^7／g以上含有」となっています。どちらも乳酸球菌を含有していますが、実験食品はBB536菌も含有しています。

広告では、排便回数について対照食品摂取期が「8・4回」、実験食品摂取期が「9・6回」の部分だけをグラフ化しています。しかし、論文を見ると対照食品においても、やはり排便回数が増加していることがわかります。対照食品の非摂取期7・0回が摂取期では8・4回に、実験食品の非摂取期7・3回が摂取期では9・6回なのです。

これを、「対照食品では排便回数が1・2倍に、実験食品では1・3倍になった」と読み取ると、BB536の「効果」はさほどではないと感じるのが素直な反応でしょう。論文に記載のある色や臭い、形状等の「排便性状への影響」の結果を見ても、〝ふつうの乳酸菌〟でも十分に、便通改善に役立っていると考えることができます。

なお、この論文Bにも、被験者に関しては広告紙面に記載してあること以上の情報は含まれていませんでした。

▼科学的根拠は「推測」?

ビフィズス菌配合商品「ビフィーナ」シリーズから浮かび上がってきた問題性について、整理しておきましょう。

まず最初に感じたのは、「研究レビューによる評価です」という断りがなされているとはいえ、他社が行った研究結果を改変して広告グラフに使う姿勢に対する疑問でした。

次いで、ウェブ上に公開されているこの商品の「機能性情報」をあらためて点検してみると、「科学的根拠」とされている論文Aも論文Bも、確かにレビュー研究の一つではありました。しかしこんどは、実験に使われたヨーグルトという「乳製品」と、実際に製品化された「カプセル封入生菌」とでは、「食品」としての種類が明らかに異なるという事実にぶつかりました。

制度上は確かに、科学的根拠は研究レビューでもよいとされてはいます。しかし、「カプセル封入生菌」の機能性の根拠として、ヨーグルトを用いた研究論文をレビュー対象とすることまで許容していいものか否か。疑問を感じます。

これに関し、この商品の「機能性情報」には、「ビフィズス菌（ロンガム種）は元来酸に弱い。耐酸性のカプセルに菌を配合することにより生きたまま腸まで到達する菌の数が多くなると考えられている」と書かれていますが、実験をしたという記載はありません。さらに、「本研究レビューで得られた整腸作用は『ビフィーナ〜』の形態でも発揮されるものと考えられる」（傍点引用者）とあります。

ヨーグルトを介してよりも、たくさんの生菌が腸にたどり着いたとき、はたしてそこでは「良いことだけ」が起こるのでしょうか、「悪いこと」は起きないのでしょうか？　「耐酸性カプセルで守られているから、生きて腸にたどり着けるビフィズス菌はヨーグルトより多いはず」という「推測」が、科学的根拠としてまかり通っていいはずがありません。

ところで、「ビフィズス菌の割合増加」のグラフで強調されていたように、腸内細菌叢に占めるビフィズス菌の割合が1・4倍になると、どのような良いことをもたらしてくれるのでしょうか。また、排便回数0・69回／日は、0・6回／日に対して「便通が改善した」と実感できる効果なのでしょうか。この商品を取り巻く情報からは、疑問がわき出るばかりです。

▼甘草抽出物グラブリジン含有商品

「グラブリジン」という耳慣れない物質を関与成分とする6商品が、届出一覧表に記載されています。届出者は五つの企業で、うち1社が2商品を届け出ています。

2商品を届け出た企業の関与成分名は「甘草由来《かんぞう》グラブリジン」で、他の4社はいずれも「3パーセントグラブリジン含有甘草抽出物」となっています。表現は異なりますが、どちらもグラブリジンが関与成分です。

届出表示は各社間でいくらか文言が異なるものの、その主旨は「本品には3パーセントグラブリジン含有甘草抽出物が含まれます。3パーセントグラブリジン含有甘草抽出物は、肥満気味の方のお腹の脂肪（内臓脂肪）・体脂肪を減らすことをサポートし、高めのBMIの改善に役立つことが報告されています」で、大きな違いはありません。

甘草は生薬《しょうやく》として利用される一方、その根または根茎からの「カンゾウ抽出物」と「カンゾウ油性抽出物」が食品添加物として既存添加物リストに収載されています。「カンゾウ抽出物」はグリチルリチン酸が主成分で、甘味料として広く用いられています。一方、酸化防止剤として使われる「カンゾウ油性抽出物」の主成分はフラボノイドで、グラブリジンはこちらの一成分です。試薬メーカーのサイトによれば、「白色からうすい黄褐色の結晶～粉末。エタノールに溶け、水にほとんど溶けない。甘草に含まれる油溶性の生薬成分」とのことです。

さて、届出受理が遅い2社の広告については、現時点では特に問題とする点はありません。しかし、他の3社の商品は、研究レビューを科学的根拠としていながら広告にグラフを使っており、しかもその出典はいずれも、２００９年に発表された同一の論文です。

そのうち、Y社のインターネット広告は、「体脂肪の低減効果」と「BMI値の低減効果」と題するカラフルな2点のグラフを載せており、D社はこれに加えて「体重変化量」のグラフと「内臓脂肪面積（CTスキャン）」の表を載せています。出典は同じ論文ではあるものの、広告グラフの表現が異なるために説明しにくい部分もありますが、ここでは両者を合わせて要約します。

なお、甘草抽出物摂取群を「実験群」、対照品摂取群を「対照群」とします。実験期間は8週間です。

「体脂肪の低減効果」：実験群は０・９kg、対照群は０・４kgの減少。

「BMI値の低減効果」：実験群は０・２５の減少、対照群は０・０８の増加。

「体重変化量」：実験群は０・７４kgの減少、対照群は０・２７kgの増加。

「内臓脂肪面積（CTスキャン）」：実験群は９・３５㎠、対照群は４・６８㎠の減少。

被験者は、Y社の広告では「約80名の国内軽度肥満者（BMI24〜30）」、D社では「84名の軽度肥満の40〜60歳の男女（BMIが24〜30）」と記載されています。

四つのデータのどれもが「有意差があった」とはいうものの、減少量はわずかです。内臓脂肪面積を減少率で見ると、実験群で７・６パーセントという値になっていますが、対照群も４・１

パーセントであり、その差は3・5パーセントでしかありません。

ところが、広告上のグラフでは、この差がきわめて大きく見えるように描かれています。グラフの目盛りのふり方によって、大きく減少したように印象づける手法が使われているのです。たとえばY社のBMIのグラフでは、目盛りが0・2刻みになっています。

率直にいってあきれる思いを禁じ得ませんでした。

▼体重はほぼ変わらず、皮下脂肪面積は増加

これ以上のことは、論文を入手しないと何も言えません。早速、取り寄せて読んでみました。

被験者は84名（男性56名、女性28名）で、年齢は40〜60歳、女性は全員が閉経後でした。BMIは24〜30、慢性疾患に罹患していない、食物アレルギーがない等の人びとを、甘草の根からエタノール抽出して調製したグラブリジンを「摂取しない」「低濃度摂取」「中濃度摂取」「高濃度摂取」の4群に分け、摂取開始前と8週間後に身体測定を行っています。

広告グラフで使われているのは、グラブリジンを「摂取しない」群（対照群）と「高濃度摂取」群（実験群）でしたので、以降はこの2群の数値だけを比較します。この2群の被験者数／平均年齢は、実験群が21人／48・9歳、対照群が19人／49・3歳でした。その他のデータは、実験開始時と8週間後を「0週→8週」で、「実験群／対照群」の順に列記します。

体重（kg）は「72・79↓72・05／73・13↓73・39」、BMIは「26・22↓25・97／26・51↓26・59」、体脂肪量（kg）は「22・59↓21・70／22・65↓22・30」、除脂肪体重（g）は「50・72↓50・96／51・01↓51・58」、内臓脂肪面積（㎠）は「122・37↓113・02／115・26↓110・58」、皮下脂肪面積（㎠）は「207・34↓210・08／210・88↓207・70」でした。

広告グラフの減少量を見ていただけでも、「これで有意差がつくのか」と思わされる数値でしたが、実験開始時の体重そのものを見ると、「ほとんど減っていない」と感じるのではないでしょうか。

また、内臓脂肪面積と体脂肪量は減っていますが、皮下脂肪面積については、対照群では3・2㎠減っているのに実験群では2・7㎠も増加しています。いったい何を意味しているのでしょうか。

この商品の広告は、「メラメラパワーに加え、余分なものにアプローチ‼」「効果的に体脂肪を減少」などの意味不明な、しかし、刺激的な文言を使用しています。この文言の下に、わずかな効果をさも大きいかのようにイメージさせる「体脂肪の低減効果」と「BMI値の低減効果」のグラフが掲載されているのです。

このような、わずかな効果を大きく見せる広告手法はトクホでも使われていますが、「機能性を表示してよい食品」という国の制度の範疇にある商品が展開していいはずはありません。

3−6 トクホの許可表示を超える煽り文句——〝言った者勝ち〟の世界!?

トクホの関与成分で最多を占めるのが難消化性デキストリンであることは、前章で紹介したとおりです。機能性表示食品でも難消化性デキストリンが多い（32品）ことに変わりはないのですが、トクホ以上に機能性を列挙する表現が気になっています。

たとえば、「本品には難消化性デキストリン（食物繊維）が含まれます。／難消化性デキストリンは、食事から摂取した脂肪の吸収を抑えて排出を増加させるとともに、糖の吸収をおだやかにするため、食後の血中中性脂肪や血糖値の上昇をおだやかにすることが報告されています。さらに、おなかの調子を整えることも報告されています。／本品は、脂肪の多い食事を摂りがちな方、食後の血糖値が気になる方、おなかの調子をすっきり整えたい方に適した飲料です」に見られるように、①食後の血中中性脂肪や②血糖値の上昇をおだやかにする、③おなかの調子を整える、の三つの効能・効果を同時に謳う文言まで登場しているからです。

トクホでは、食後の「中性脂肪値」と「血糖値」の上昇抑制をセットにした商品はありますが、「整腸効果」まで加えたものは存在しません。どうやら機能性表示食品は、〝言った者勝ち〟

の世界になっているようです。

▼「トクホ以上の効果」を明示

「血圧」に言及する届出表示にも、同じような状況が見られます。

血圧に言及するトクホ（128品）の許可表示は、「本品は○○を含んでおり血圧が高めの方に適した飲料です」「本品は▲▲を配合しており血圧が気になる方に適した食品です」のように、「血圧を低下させる」という文言はいっさい含まれていません。ところが、19品ある血圧に言及する機能性表示食品では、「血圧低下作用のある●●は、血圧が高めの方の健康に役立つことが報告されています」「▲▲には高めの血圧を下げる機能があることが報告されています」のように、トクホよりも強い調子で「血圧を下げる」と明示しているのです。

前章に登場した「トマト酢生活」の事例は、「健康増進法第31条第1項の規定に違反する」として勧告を受けましたが、ここでご紹介した機能性表示食品の届出表示もまた、健康増進法に抵触しているように見えてこないでしょうか。

機能性表示食品の届出表示は、あくまでも「食品関連事業者の責任」とされています。しかし、「消費者庁長官による個別審査を受けたものではない」とはいえ、消費者庁は、事業者が提出した届出書類の形式が整っているか否かを点検しています。書類内容の審査はしないとのことですが、それでも届出を「受理」し、「機能性を表示してよい」と「認めている」ことに違いはありません。

書類が形式的に整ってさえいれば届出が受理され、それだけでトクホ以上の「効能・効果」的表示ができてしまうのが「機能性表示食品」です。どうにも納得がいきません。

!3-7 「生鮮食品に機能性表示」の違和感——国の制度が食生活を混乱させる

機能性表示食品として、生鮮食品であるみかんと大豆もやしが届出受理されています。また、「その他の加工食品」の中には、サバの水煮缶も含まれています。

みかんは、「本品には、β-クリプトキサンチンが含まれています。β-クリプトキサンチンは骨代謝のはたらきを助けることにより、骨の健康に役立つことが報告されています」「1日あたり可食部270g(約3個)を目安に、そのままお召し上がりください」とされています。

大豆もやしには、「本品には大豆イソフラボンが含まれています。大豆イソフラボンは骨の成分を維持する働きによって、骨の健康に役立つことが報告されています」とあり、「一日当たりの摂取目安量200g」とされています。

サバ水煮缶は「本品にはDHA・EPAが含まれます。DHA・EPAには中性脂肪を低下させる機能があることが報告されています」に添えて、「一日当たり190g（1缶）を目安にお召し上がりください」と書かれています。

さて、これらの「機能性」が、各食品を2～3ヵ月にわたって摂取し続けた結果として、ようやく得られたものであることに考えが及ぶでしょうか？　気まぐれに1～2回食べただけで発揮されるような「効能・効果」ではないのです。

骨を健康にすることを目的に、毎日3個のみかんと200gの大豆もやし、そして中性脂肪の低下を目指して190gのサバ水煮缶を食べ続けるのは、おそらく1週間でさえ難しいでしょう。実行できたとしたら、摂取食品の大いなる偏りという点で、これまた問題です。

＊

いくつかの具体例を通して見てきたように、審査・許可手続きを経ることなく、トクホの「許可を受けた表示内容」と同等、もしくはそれ以上に刺激的な「保健効果的文言」を表示できるのが機能性表示食品という新制度の実態です。経済再生には「即効性」をもつのかもしれませんが、健康でありたいと願う私たち消費者の「保健に資する」だけの価値があるとは思えません。

第4章 「栄養機能食品」を再点検する

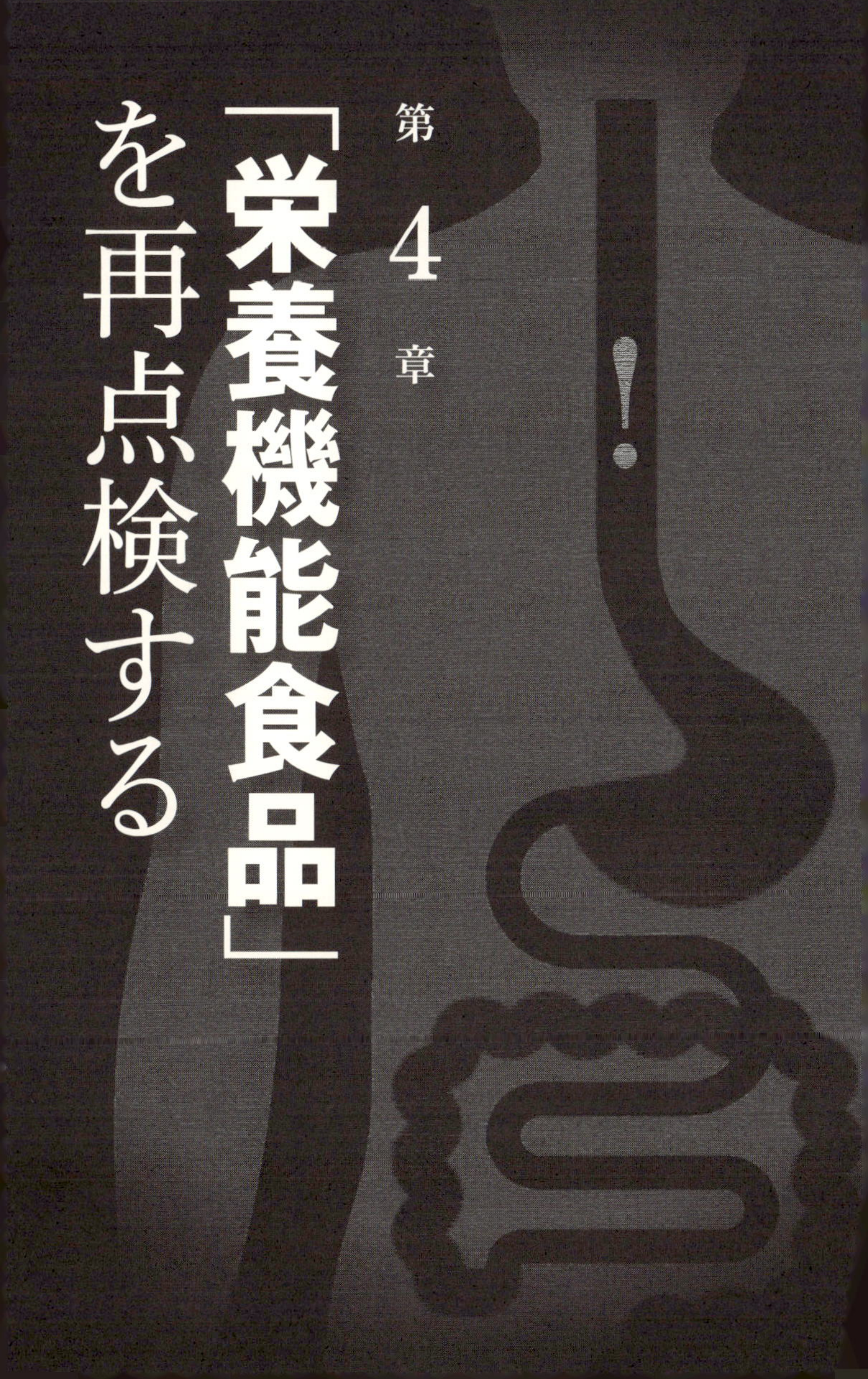

トクホと機能性表示食品の狭間《はざま》にある「栄養機能食品」は、影の薄い「保健機能食品」です。〝機能性の表示ができる〟とはいっても、ビタミンやミネラルに関して決まり切った表現しかできず、栄養成分の含有量も定められた範囲内に制限されています。

消費者にとっても事業者にとっても、さして利点のない制度のようにも思えますが、他の二つの保健機能食品との違いを浮き彫りにするために、あらためて点検してみました。

! 4－1 「健康食品」業界にとって魅力に欠ける制度

栄養機能食品とは、栄養成分補給のために利用される食品で、その栄養成分の機能を表示するものをいいます。序章で述べたように、「食品表示基準」によってこの用語が定義されています（24～25ページ表序－2参照）。この中の「別表第十一の第一欄に掲げる栄養成分」を、表4－1に示しました。

この制度が発足する直前の2001年3月27日付で、「保健機能食品制度の創設について」と題する厚生労働省医薬局長通知（医薬発第244号）が、各都道府県知事等宛てに出されています。

「創設の趣旨」には、「国民生活において、消費者自らの手で健やかで心豊かな生活を送るためには、バランスのとれた食生活が重要である。消費者個々人の食生活が多様化し、しかも多種多様な食品が流通する今日では、その食品の特性を十分に理解し、消費者自らの正しい判断によりその食品を選択し、適切な摂取に努めてもらうことが重要である。そのためには、消費者が安心して、食生活の状況に応じた食品の選択ができるよう、適切な情報提供が行われることが不可欠である。／こうしたことから、国民の栄養摂取状況を混乱させ、健康上の被害をもたらすことのないよう、また国民に過大な不安を与えることのないよう、一定の規格基準、表示基準等を定めるとともに、消費者に対して正しい情報の提供を行い、消費者が自らの判断に基づき食品の選択を行うことができるようにすることを目的として、保健機能食品の制度化を図るものである」と記述されています（傍点引用者）。

前章で詳しく検討した機能性表示食品が制度化された経緯に比べ、ずっとまともに思えます。

2015年4月から、カリウムとビタミンK、さらにはn－3系脂肪酸が新たに追加されました。6種類のミネラル、13種類のビタミン、そしてn－3系脂肪酸のいずれか一つ、もしくは複数を基準量以内（下限値以上・上限値以下）で含んでいれば、その栄養機能を行政等への届出不要で「定められた表現」を用いて表示することができます。

しかし、以前からビタミンやミネラルを大量に配合した「健康食品」を売ってきた業界にとって、上限値を超えない量のビタミンやミネラル量ではインパクトに欠け、栄養機能の表現もひど

摂取をする上での注意事項(1)

	上限値	摂取をする上での注意事項
	2.0g	本品は、多量摂取により疾病が治癒したり、より健康が増進するものではありません。一日の摂取目安量を守ってください。
	15mg	本品は、多量摂取により疾病が治癒したり、より健康が増進するものではありません。亜鉛の摂り過ぎは、銅の吸収を阻害するおそれがありますので、過剰摂取にならないよう注意してください。一日の摂取目安量を守ってください。乳幼児・小児は本品の摂取を避けてください。
	2,800mg	本品は、多量摂取により疾病が治癒したり、より健康が増進するものではありません。一日の摂取目安量を守ってください。腎機能が低下している方は本品の摂取を避けてください。
	600mg	本品は、多量摂取により疾病が治癒したり、より健康が増進するものではありません。一日の摂取目安量を守ってください。
	10mg	本品は、多量摂取により疾病が治癒したり、より健康が増進するものではありません。一日の摂取目安量を守ってください。
	6.0mg	本品は、多量摂取により疾病が治癒したり、より健康が増進するものではありません。一日の摂取目安量を守ってください。乳幼児・小児は本品の摂取を避けてください。
	300mg	本品は、多量摂取により疾病が治癒したり、より健康が増進するものではありません。多量に摂取すると軟便(下痢)になることがあります。一日の摂取目安量を守ってください。乳幼児・小児は本品の摂取を避けてください。
	60mg	本品は、多量摂取により疾病が治癒したり、より健康が増進するものではありません。一日の摂取目安量を守ってください。
	30mg	本品は、多量摂取により疾病が治癒したり、より健康が増進するものではありません。一日の摂取目安量を守ってください。
	500μg	本品は、多量摂取により疾病が治癒したり、より健康が増進するものではありません。一日の摂取目安量を守ってください。

4-1 栄養機能食品の栄養成分、含有量の範囲、栄養成分の機能、

栄養成分	下限値	栄養成分の機能	
n-3系脂肪酸	0.6g	n-3系脂肪酸は、皮膚の健康維持を助ける栄養素です。	
亜鉛	2.64mg	亜鉛は、味覚を正常に保つのに必要な栄養素です。亜鉛は、皮膚や粘膜の健康維持を助ける栄養素です。亜鉛は、たんぱく質・核酸の代謝に関与して、健康の維持に役立つ栄養素です。	
カリウム	840mg	カリウムは、正常な血圧を保つのに必要な栄養素です。	
カルシウム	204mg	カルシウムは、骨や歯の形成に必要な栄養素です。	
鉄	2.04mg	鉄は、赤血球を作るのに必要な栄養素です。	
銅	0.27mg	銅は、赤血球の形成を助ける栄養素です。銅は、多くの体内酵素の正常な働きと骨の形成を助ける栄養素です。	
マグネシウム	96mg	マグネシウムは、骨や歯の形成に必要な栄養素です。マグネシウムは、多くの体内酵素の正常な働きとエネルギー産生を助けるとともに、血液循環を正常に保つのに必要な栄養素です。	
ナイアシン	3.9mg	ナイアシンは、皮膚や粘膜の健康維持を助ける栄養素です。	
パントテン酸	1.44mg	パントテン酸は、皮膚や粘膜の健康維持を助ける栄養素です。	
ビオチン	15μg	ビオチンは、皮膚や粘膜の健康維持を助ける栄養素です。	

摂取をする上での注意事項(2)

	上限値	摂取をする上での注意事項
	600μg	本品は、多量摂取により疾病が治癒したり、より健康が増進するものではありません。一日の摂取目安量を守ってください。妊娠三か月以内又は妊娠を希望する女性は過剰摂取にならないよう注意してください。
	25mg	本品は、多量摂取により疾病が治癒したり、より健康が増進するものではありません。一日の摂取目安量を守ってください。
	12mg	本品は、多量摂取により疾病が治癒したり、より健康が増進するものではありません。一日の摂取目安量を守ってください。
	10mg	本品は、多量摂取により疾病が治癒したり、より健康が増進するものではありません。一日の摂取目安量を守ってください。
	60μg	本品は、多量摂取により疾病が治癒したり、より健康が増進するものではありません。一日の摂取目安量を守ってください。
	1,000mg	本品は、多量摂取により疾病が治癒したり、より健康が増進するものではありません。一日の摂取目安量を守ってください。
	5.0μg	本品は、多量摂取により疾病が治癒したり、より健康が増進するものではありません。一日の摂取目安量を守ってください。
	150mg	本品は、多量摂取により疾病が治癒したり、より健康が増進するものではありません。一日の摂取目安量を守ってください。
	150μg	本品は、多量摂取により疾病が治癒したり、より健康が増進するものではありません。一日の摂取目安量を守ってください。血液凝固阻止薬を服用している方は本品の摂取を避けてください。
	200μg	本品は、多量摂取により疾病が治癒したり、より健康が増進するものではありません。一日の摂取目安量を守ってください。葉酸は、胎児の正常な発育に寄与する栄養素ですが、多量摂取により胎児の発育がよくなるものではありません。

4-1 栄養機能食品の栄養成分、含有量の範囲、栄養成分の機能、

栄養成分	下限値	栄養成分の機能	
ビタミンA	231μg	ビタミンAは、夜間の視力の維持を助ける栄養素です。ビタミンAは、皮膚や粘膜の健康維持を助ける栄養素です。	
ビタミンB_1	0.36㎎	ビタミンB_1は、炭水化物からのエネルギー産生と皮膚や粘膜の健康維持を助ける栄養素です。	
ビタミンB_2	0.42㎎	ビタミンB_2は、皮膚や粘膜の健康維持を助ける栄養素です。	
ビタミンB_6	0.39㎎	ビタミンB_6は、たんぱく質からのエネルギー産生と皮膚や粘膜の健康維持を助ける栄養素です。	
ビタミンB_{12}	0.72μg	ビタミンB_{12}は、赤血球の形成を助ける栄養素です。	
ビタミンC	30㎎	ビタミンCは、皮膚や粘膜の健康維持を助けるとともに、抗酸化作用を持つ栄養素です。	
ビタミンD	1.65μg	ビタミンDは、腸管でのカルシウムの吸収を促進し、骨の形成を助ける栄養素です。	
ビタミンE	1.89㎎	ビタミンEは、抗酸化作用により、体内の脂質を酸化から守り、細胞の健康維持を助ける栄養素です。	
ビタミンK	45μg	ビタミンKは、正常な血液凝固能を維持する栄養素です。	
葉酸	72μg	葉酸は、赤血球の形成を助ける栄養素です。葉酸は、胎児の正常な発育に寄与する栄養素です。	

く限定されてしまうため、わざわざ「栄養機能食品」と表示する魅力はほとんどなかったというのが実状です。結局、数種類のビタミンや鉄、カルシウムを配合した「ビタミン・ミネラル含有食品」が数社から「栄養機能食品」として登場した程度でした。

制度開始以来15年が経過していますが、いまだに周知されているとはいいがたい栄養機能食品です。事業者にとって魅力がないために商品数が増えず、したがって認知度が高まらないのは当然のことといえます。

しかし、制度が設けられた当初には「栄養機能を表示できる」という本質から逸脱するとおぼしき使用例が散見され、いったんはなくなったかに見えていましたが、現在も存在することに気づきました。また、栄養機能食品を名乗る食品の種類の範囲も、広がっています。栄養機能食品の現状について、いくつかの例をまじえてご紹介します。

！4−2 消費者を誤認させる表示の横行——過去の例から

制度が発足して間もない2001年5月の下旬に、「こんな使い方があったのか！」と思わせられる商品広告が登場しました。当時の表記方法は「保健機能食品（栄養機能食品）」だけなので、何がその栄養機能成分なのかは一見しただけではわかりませんでした。

それは新聞広告でしたが、「大豆イソフラボン」という商品名の横に「保健機能食品（栄養機能食品）」と書かれていたのです。広告を見るかぎり、「大豆イソフラボン」が「栄養機能食品」であるかのように錯覚してしまいます。

広告をよくよく見れば基準値内のビタミンを含有していることがわかり、それが「栄養機能食品」と名乗る根拠となっていますが、この広告では、大豆イソフラボンが栄養機能食品であるかのように見えてしまうのでした。これがまかり通るなら、たとえばクロレラ錠剤にビタミンCを50㎎添加することで「保健機能食品（栄養機能食品）」と名乗れることになります。いわゆる「健康食品」として名高い「クロレラ」が、あたかも栄養機能食品であるかのように誤認させてしまう可能性があるのは大いに問題です。

運動しないで「美やせ」できるかのように思わせるチラシ広告に、「栄養機能食品」の表示を見たこともあります。チラシ広告には商品とおぼしき容器の正面画像を載せているのですが、「マイクロスピードノンスポーツダイエット」という商品名の下に、「ダイエットサポート食品『保健機能食品（栄養機能食品）』」と大々的に書いてありました。

その下には、「ダイエット13成分配合」として13の物質名が列挙されていましたが、栄養機能成分に該当するものはありません。チラシの下部には「◆美しく健康的に瘦せるために配合しました。ビタミンB_1、B_2、B_6。◆健全なダイエットをサポートします。保健機能食品（栄養機能食品）」と書かれていました。結局のところ、ビタミンB_1、ビタミンB_2、ビタミンB_6を下限値ギリギリで含有していることで「栄養機能食品」を名乗っているのですが、栄養機能について「定められた表現」とは無関係な文言を並べていることと、「ダイエット効果」なるものが栄養機能食品によるかのように見せている点で不当な広告でした。

その後、「保健機能食品（カルシウム）」のような表記へと変更され、前述のような商品広告を見かけなくなったことで、この問題は解決したかと考えていました。確かに現在、栄養機能食品を名乗る商品の多くは、ビタミンあるいはミネラルを容易に連想させる商品名となっています。しかし、調べてみると、必ずしもそうではない商品が少なからず存在することがわかりました。

4−3 消費者の誤認が懸念される表示——現在の例から

図4−2に、いわゆる「健康食品」や「美容成分」として、すでに知名度の高い物質名を商品名の一部に取り入れた栄養機能食品を例示しました。

商品名「大豆イソフラボン山西省老陳黒醋《ろうちんくろず》」の上に、それよりほんの少し小さな字で「加齢を気にしない若々しい生活を」とあり、商品名の下には「大豆イソフラボン40㎎　老陳黒醋412㎎　ビタミンE30㎎　ローヤルゼリー30㎎　1日4粒／30日（120粒）　栄養機能食品（ビタ

4-2 栄養機能食品の例 誤読に注意！

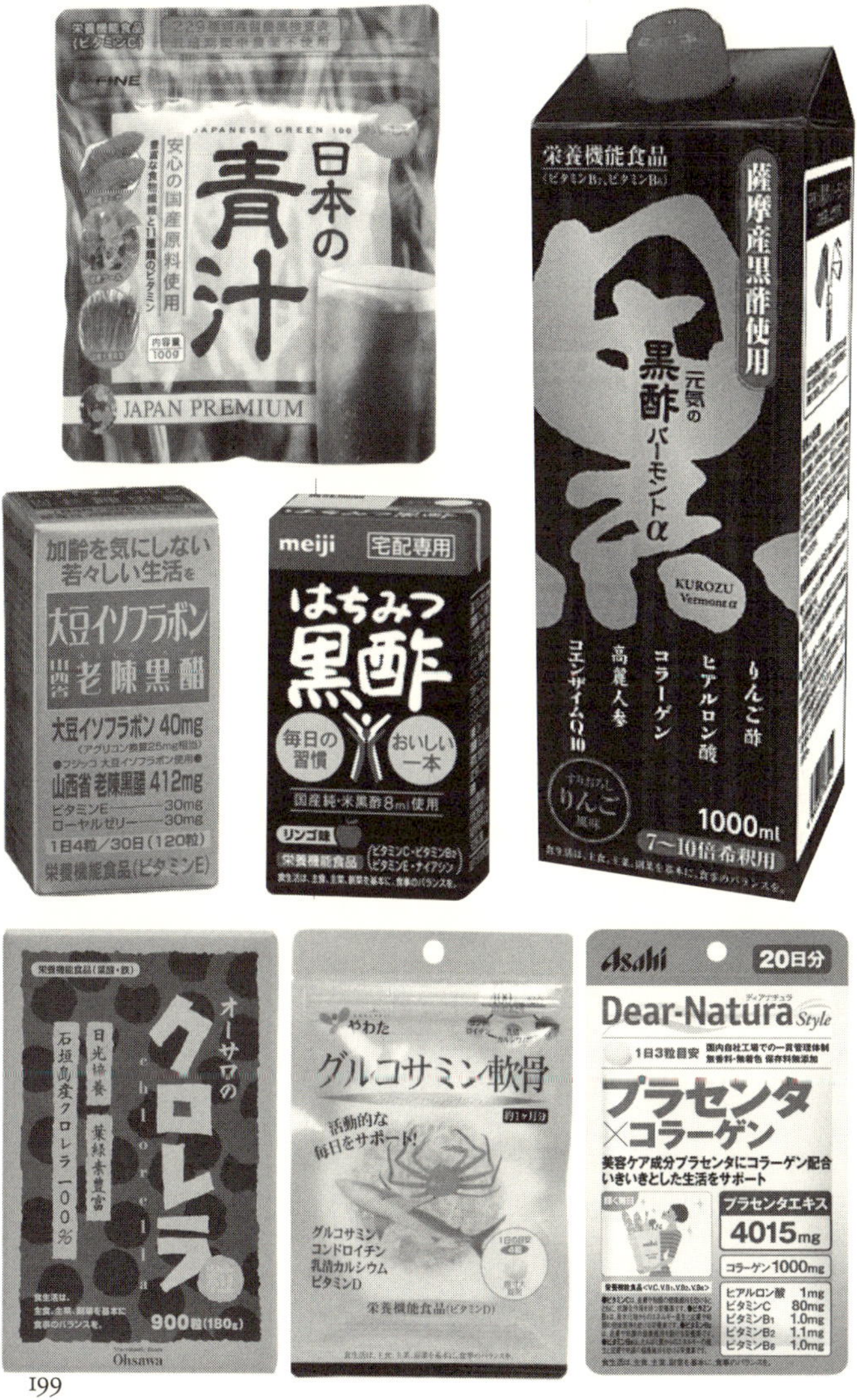

ミンE)」とあります。

商品名「はちみつ黒酢」は、「国産・純米黒酢8ml使用」の下に「栄養機能食品（ビタミンC・ビタミンB_2・ビタミンE・ナイアシン）」とあります。

商品名「元気の黒酢バーモントα」の上に「栄養機能食品（ビタミンB_2、ビタミンB_6）」とあり、容器の下のほうには「りんご酢　ヒアルロン酸　コラーゲン　高麗人参　コエンザイムQ10」と書いてあります。

商品名「グルコサミン軟骨」の下には「活動的な毎日をサポート！」との文言が、さらにその下に「グルコサミン　コンドロイチン　乳清カルシウム　ビタミンD」とあり、その下に「栄養機能食品（ビタミンD）」とあります。

商品名「オーサワのクロレラ粒」の上方に「栄養機能食品（葉酸・鉄）」とあります。

商品名「日本の青汁」も、上方に「栄養機能食品（ビタミンC）」とあります。

商品名「プラセンタ×コラーゲン」の下に「美容ケア成分プラセンタにコラーゲン配合　いきいきとした生活をサポート」とあり、その下に「栄養機能食品〈V.C, $V.B_1$, $V.B_2$, $V.B_6$〉」とあります。

これらの商品はビタミンやミネラルを栄養機能成分とし、栄養機能食品であることの基準は満たしているのでしょう。しかし、「栄養機能食品」としての根拠が、その商品が含有するビタミン（またはミネラル）であることを消費者はきちんと認識できるでしょうか？

大豆イソフラボンが、黒酢が、グルコサミンが、クロレラが、青汁が、プラセンタやコラーゲンが、栄養機能成分であると誤認させるのではないかと心配です。

！4-4 「バランス栄養食」を考える

摂取エネルギーと消費エネルギーの収支の均衡をはかることは適切な食生活の基本ですが、同時に、脂質からのエネルギー比率（Fat Energy Ratio：FER）を適正に保つことも重要です。詳しくは終章をご覧いただきたいのですが、「日本人の食事摂取基準（２０１５年版）」においても、FERの目標量について「１歳以上：20パーセント以上30パーセント未満」とされています。

国民健康・栄養調査結果（２０１４年〈http://www.mhlw.go.jp/file/04-Houdouhappyou-10904750-Kenkoukyoku-Gantaisakukenkouzoushinka/0000117311.pdf〉）によれば、国民平均のFERは26・3パーセントであり、この範囲内に収まっていますが、食生活においてFERを適切な範囲に保つにはそれなりの注意を要します。

ビタミンやミネラルを十分量配合したという触れ込みで、「バランス栄養食」（あるいは「栄養調整食品」）と名乗る食品群が商業的に成立しています。かつては１９８３年に発売されたO社の商品「カロリーメイト」だけでしたが、いつしかその種類が増えてきました。

いずれの商品も基本的にはクッキーであるため、油脂を多く含有しています。自ずとFERが高く、40パーセントを超える商品も少なくありません。「ビタミンとミネラルが添加された油脂豊富なクッキー」と承知したうえで利用することに異論はなく、非常食としても優れています。しかし、これらの中に「栄養機能食品」を名乗る商品がいくつもあることが気になっています。

▼「食事の代わり」としての妥当性は?

「バランスアップクリーム玄米ブラン~」シリーズは、「つい朝食を抜いてしまう、忙しくて食事の時間がとれない、そんな現代人にピッタリのバランス栄養食。不足しがちな10種のビタミン、カルシウム、鉄、食物繊維をバランスよく配合。生活シーンに合わせてチョイス」と、インターネット上で広告しています。「~」部分にはブルーベリーやカカオ、黒ごま黒大豆等が続き、計8種の商品があります。栄養機能成分はいずれも、鉄とカルシウムです。

栄養成分表示をもとにこれら商品のFERを計算すると、45・0パーセント~53・3パーセントになります。個別の食品のFERの高さは、単純にそれだけで非難されるものではなく、食事全体として適正なFERになるように摂取食品を組み合わせればよいと考えます。しかし、「食事の代わりにしてください」といわんばかりの広告をするのであれば、せいぜい30パーセントが限度ではないでしょうか。

原材料表示欄のトップは、8種類の商品のいずれも「小麦粉、ショートニング」で、それに「砂糖」が続くのが6商品です。この表示から、クッキーなのにバターやマーガリンが使われていないこと、商品名の一部をなす「玄米」や「ブラン」は原材料の配合割合としてはかなり下位らしいことが読み取れます。

▼規格・基準がないからといって……

小麦粉を使わず、大豆粉だけを使用した生地にフルーツやナッツを加えて棒状に焼き上げた「栄養食品」に、「SOYJOY～」シリーズがあります。「栄養豊富な大豆をまるごと使用し、素材の味わいを大切に焼きあげた大豆の新しいカタチです。（中略）素材由来の栄養成分をおいしくスマートに摂る事ができます。SOYJOYは、栄養とおいしさの両方を提供します。食事の間のつなぎ、ちょっと小腹が空いたときにオススメ」と謳っています。

こちらも「～」部分が異なる複数の商品が用意されていますが、そのうち3種類が栄養機能食品です。栄養機能成分は商品ごとに異なり、一つは鉄、もう一つはカルシウム、そして残りがビタミンB_6、ビタミンB_{12}、葉酸の3種類を含むものとなっています。

栄養成分表示をもとにFERを計算すると、「バナナCaプラス」と「プルーンFeプラス」は

44・7パーセント、「オレンジ葉酸プラス」は48・4パーセントでした。原材料表示欄を見ると、「プルーンFeプラス」と「オレンジ葉酸プラス」の上位食品は「大豆粉、レーズン、バター、砂糖」で、「バナナCaプラス」は「大豆粉、レーズン、バナナ、バター、砂糖」となっていて、どれにも卵が使われていています。

こちらの商品は「間食」であることを標榜しており、「バランスアップクリーム玄米ブラン〜」のように「食事の代わりにしてください」的なメッセージは発信していません。あまり目くじらを立てる必要はないかもしれませんが、大豆の「ヘルシー効果」をほのめかしながら「栄養食品」と称している以上、FERの高さにも注意を促す配慮が必要だと考えられます。

現時点では、「バランス栄養食」や「栄養調整食品」「栄養食品」なるものに、公的な規格・基準はまったく存在しません。そういう意味ではどう名乗ろうと自由ではあるのですが、特定の栄養成分にのみ注目させるような広告はやめるべきと考えます。

FERが50パーセントという数値がピンとこない方に、参考になる例を一つご紹介します。成型タイプの某ポテトチップス「C」のFERが50パーセントです。この商品が、ポテトパウダーにその他の副材料を配合する際、ビタミンやミネラルを栄養機能食品の基準値内で添加して「バランス栄養食C」を名乗ったとしたら、はたして「食事代わり」にする気になるでしょうか？

ちなみに、「バランス栄養食」の元祖ともいえる最古参のO社の商品「カロリーメイト」は、栄養機能食品を名乗っていません。

! 4−5 乱立する食用油の実態

栄養機能食品を名乗る植物油も複数、存在します。栄養機能成分はビタミンEがほとんどですが、〝新顔〟としてn−3系脂肪酸も登場しています。代表的なn−3系脂肪酸は、植物油に含まれるαリノレン酸、魚油に含まれるEPA（イコサペンタエン酸）やDHA（ドコサヘキサエン酸）等です。

ビタミンEの「栄養成分の機能」は、「抗酸化作用により、体内の脂質を酸化から守り、細胞の健康維持を助ける栄養素です」であり、下限値は1・89㎎、上限値は150㎎となっています。植物油はビタミンE（αトコフェロール）をそれなりに含んでいて、ビタミンEの供給源として大切です。

「栄養機能食品（ビタミンE）」の油では、大さじ1杯（14g）あたり数㎎含むものが多いようです。文部科学省が公表している「日本食品標準成分表2015年版（七訂）」を参照して、ビタミンEの含有量を14gあたりで比較すると、大豆油は1・46㎎、オリーブ油は1・04㎎ですが、なたね油は2・13㎎、米ぬか油は3・57㎎、ひまわり油は5・42㎎です。

一日あたりの使用量を大さじ1杯（14g）とすると、なたね油、米ぬか油、ひまわり油のビタミンE含有量は、栄養機能食品としての範囲内にあることになります。

n－3系脂肪酸を栄養機能成分とする油を、仮に「アマニ混合油」としておきます。「栄養成分の機能」は「n－3系脂肪酸は、皮膚の健康維持を助ける栄養素です」であり、下限値が0・6g、上限値は2・0gです。

「アマニ混合油」は、大さじ1杯（14g）あたり2・2gのn－3系脂肪酸を含むと、インターネット上の栄養成分表示に記されています。この値は上限値である2・0gを超えるため、販売企業に問い合わせたところ、一日使用量は11gに設定してあるという回答でした。そうであれば、1・73gとなり、基準値内に収まります。

「アマニ混合油」の原材料名は、「食用とうもろこし油、食用アマニ油」です。「日本食品標準成分表2015年版（七訂）脂肪酸成分表編」によれば、アマニ油は100gあたり56・63gのn－3系脂肪酸を含むので、14gあたりに換算すると7・93gとなり、上限値を大きく上回ります。これでは栄養機能食品に該当しないため、n－3系脂肪酸の少ないとうもろこし油と混合して栄養機能食品としたものと思われます。

ところで、機能性表示食品にもn－3系脂肪酸を機能性関与成分とする商品があります。届出表示は、「本品は、α－リノレン酸を含んでおり、血圧が高めの方に適した機能を持つ食用油です」となっています。栄養機能食品としては「皮膚の健康維持を助ける栄養素」で、機能性表示食品としては「血圧が高めの方に適した機能を持つ」なのです。

「機能性を表示してよい」と国が定めた保健機能食品という枠の中で、同一の成分でありながら「機能性の表示」が異なるのでは、消費者が混乱するのではないでしょうか。

4-6 肝油ドロップをめぐる疑問

昔懐かしのイメージが強い「肝油ドロップ」ですが、いまだに全員に与えている幼稚園等があるそうです。1950年代ならいざ知らず、「いまどきなぜ?」とふしぎに感じてしまうのは私だけでしょうか。

肝油ドロップを製造販売するK社のウェブサイトを見ると、「薬局・薬店向け」商品は指定第二類医薬品、「教育機関・通販向け」商品は栄養機能食品となっています。幼稚園等で与えられているのであれば、後者が該当するものと推測されます。かつて多くの子どもたちが親しんでいた肝油ドロップが、時を経て栄養機能食品へと姿を変えていました。

本来の「肝油」は、動物の肝臓から採取した油のことで、ビタミンAやビタミンDを豊富に含んでいます。各種のビタミンが発見され、その重要性は判明しつつあったものの、それらを安価に、大量に生産できる方法が存在しなかった20世紀の前半にあって、肝油は「高ビタミン製品」の一つとして広く利用されていました。

魚の肝臓から抽出した油をゼリー状のドロップに練り込んだ「ミツワ肝油ドロップ」が売り出されたのは1911年のことでした。その後「肝油ドロップ」と名前を変え、こんにちもなお販売されています。国民の栄養状態が決して芳しくなかった時代に、この種の製品がそれなりの意味をもっていたことを否定するつもりはありません。

しかし、現在の「肝油ドロップ」は、実は肝油を原料にした商品ではありません。いつの頃からかは明確ではありませんが、合成法によって生産されたビタミンAとDを添加した商品になっています。

▼栄養機能食品の基準値変更を把握せず

肝油ドロップを製造販売するK社のウェブサイトには、団体向けの栄養機能食品として「肝油ドロップ」が掲載されています。1缶3000粒入りで、原材料名には「ショ糖、水飴、ブドウ糖、ビタミン（V.A.V.D）、ゲル化剤（ペクチン）、寒天、クエン酸、アラビアガム、香料、クエン酸ナトリウム」とあり、肝油は使われていません。

栄養成分は1粒あたり、「熱量3・6キロカロリー、たんぱく質0・0g、脂質0・0g、炭水化物0・9g、ナトリウム0・2㎎、ビタミンA200㎍、ビタミンD1・7㎍」とあり、目安量として「1日1~3粒を目安に、よくかんでお召し上がりください」と記載されています。

21世紀の「肝油ドロップ」はビタミンAとDを添加したゼリー菓子であり、「肝油ドロップ」を名乗るのは〝歴史的経緯〟なのでしょうか。肝油に含まれるかもしれない有害物質の摂取を心配する必要はありません。

この肝油ドロップで摂取することになるビタミンAとビタミンDの量と、栄養機能食品としての基準量との関係が気になるところです。1粒あたりではビタミンAは下限値以下で、ビタミンDは下限値ギリギリです。2粒になるとビタミンAが400㎍、ビタミンDが3・4㎍で、下限値以上・上限値以下に収まります。ところが、3粒を食べてしまうと、ビタミンAが上限ギリギリ、ビタミンDはほんの少しですが上限値をオーバーすることになってしまいます。

K社に問い合わせたところ、2015年4月1日に栄養機能食品の栄養成分の基準値が変更になった事実を、同社の「お客様相談室」は把握していませんでした。私からの指摘を受け社内で確認したところ、品質保証関連部門は承知していたものの、経過措置期間があったことで商品に新基準が反映されておらず、情報が伝達されていなかったということのようです。

目安量を「1日2粒」にすれば、問題は生じないのです。これを簡単に変更できないのは、「これまで3粒摂取させてきた団体が2粒にすることで売り上げが減ってしまうという懸念から?」ととらえるのは邪推がすぎるでしょうか?

▼たった3粒で「基準値超え」に

さて、3~5歳児のビタミンAの食事摂取基準(推奨量)は、一日あたり男児で500μgRAE、女児で400μgRAEであり、耐容上限量はともに700μgRAEとなっています。ビタミンDの食事摂取基準(目安量)は男女とも同じで、一日あたり2・5μgであり、耐容上限量は30μgです。肝油ドロップを1粒食べることで、ビタミンAは摂取基準の約半分、もしくは半分近くを、ビタミンDは7割近くを摂取することになります。わずか3粒で、ビタミンAもビタミンDも簡単に基準値を超えてしまうことが気になります。

食料供給が乏しい発展途上国においては、今なおこれらビタミンの不足は深刻な栄養問題であり続けています。しかし、現在の日本において通常の生活を営んでいる家庭であれば、両ビタミンの不足は考えられません。万一、不足していることがあれば、それは食生活を含めた生活全体に見直す点があると考えるべきです。

子ども時代における食は、エネルギーや栄養素の供給が大切であることはいうまでもありませんが、多様な食品に慣れ親しむための絶好の機会でもあります。「肝油ドロップ」であれビタミン含有健康食品であれ、「これを飲ませているから大丈夫」とヘンな安心感をもってしまうことは、子どもが健全に育つために必要な配慮を見失ってしまうことにつながるのではないかと懸念しています。

なお、とかく誤解されがちですが、「天然物から抽出したビタミンのほうが、合成したそれよりも優れている」ということはありませんのでご注意ください。

＊

義務教育の場で学ぶビタミンやミネラルの機能を復習する機会になるという程度なら、栄養機能食品という制度が存在していてもいいのではないかと考えていました。

しかし、機能性表示食品の登場を機に、あらためて栄養機能食品市場を調査してみたところ、必ずしもそうとはいえない現状に驚かされました。「バランス栄養食」の節で指摘したように、事業者が勝手に名乗る「バランス栄養食」「栄養調整食品」「栄養食品」と、保健機能食品としての「栄養機能食品」を、消費者が明確に識別できるのかどうか、きわめて疑問に感じています。

トクホ、栄養機能食品、機能性表示食品の3種が混在する今、これら保健機能食品が「保健に資する」役割を果たしているとはとうてい思えません。むしろ、食品に「栄養効果」プラスアルファの「保健効果」を求めすぎる風潮を助長しているのではないでしょうか。

終章

「ふつうに」食べましょう

最後に、保健機能食品を含めた「健康食品」類と一線を画して、「ふつうに食べる」とはどのようなことかを考えたいと思います。

終―1 フードファディズムに要注意

食生活と健康が密接に関わることは事実ですが、今日食べた、ある「体に良い（悪い）」食べものが、明日の健康をすぐに左右するわけではありません。ただちに悪影響が生じるのは、食中毒や有毒物質の混入、あるいは食物アレルギーのような例外的な場合です。

食生活と健康の関係は、長い間の食生活の状況が長い時間をかけて健康状態に反映されていくプロセスです。それにもかかわらず、「それ」さえ食べれば健康が約束される「魔法の食品」や、「それ」を食べると病気になる「悪魔の食品」があるかのような論、あるいは極端に偏った食べ方によって健康になる・不健康になると主張する論が横行しています。

▼フードファディズムとは

食物や栄養が健康や病気に与える影響を過大に評価したり信じることを「フードファディズム（Food Faddism）」といいます。過大か適正かの判断は難しく、過小評価することもまた問題ですが、体への影響を実際以上に大きく言い立てることを指しています。

フードファディズムはおよそ次のような三つのタイプに分類できると考えています。

①健康への好影響を騙《かた》る食品の大流行

「それ」さえ食べれば（飲めば）万病解決、あるいは短期間で減量可能と吹聴される食品が大流行することです。過去約40年を振り返ると、「紅茶きのこ」（1975年頃）、「酢大豆」（1988年頃）、「ココア」（1996年頃）、「にがり」（2003年頃）、「寒天」（2005年夏）、「白インゲン豆」（2006年5月）、「納豆」（2007年1月）、「バナナ」（2008年9月）、「トマトジュース」（2012年2月）等がありました。

大流行にいたる経緯はいろいろですが、いずれも「食べれば痩せる」とのことで品切れ騒動を引き起こした「寒天」「白インゲン豆」「納豆」「バナナ」は健康情報娯楽テレビ番組が、「トマトジュース」は学術論文のマスメディア報道がその発端となりました。

②量の無視

その食品に含まれる「有益・有害成分」の「量」には言及せず、単にそれを含有しているから「○○に良い」「××に悪い」と主張することです。「これを食べると△△に良い」というマスメディア情報や「健康食品」産業界からの情報の多くが該当します。序章で指摘した「機能性幻想」が生まれる背景には、ごくわずかの効能・効果を誇大に言い募るこのような姿勢がひそんでいます。

同時に、食品中にごく微量存在する有害物質に関して、有害性を発現する量にはほど遠いにもかかわらず、健康への悪影響があるかのように言い募る情報も該当します。定性的に「ある／ない」で事柄を論じ、定量的に「それは意味のある量なのかどうか」は考えようとしません。

③食品に対する期待や不安の扇動

個人の生理的な状況、すなわち、年齢や性別、身体活動が多いか少ないか、健康状態などを考慮することなく、特定のある食品を体に悪いと敵視したり、別な食品を体に良いと推奨・万能薬視することです。極端に偏った特殊な食事法の推奨や、「自然・天然」「植物性」は良い、「人工」「動物性」は悪いとの決めつけも見られます。

ただし、極端な食事法であっても動物性食品を礼賛するものも存在しますので、右の決めつけが共通するわけでもありません。主義主張によって礼賛・敵視は異なる部分もありますが、農薬や化学肥料を使用した食品、精製度の高い食品（白砂糖、精製塩、精白小麦粉、精白米）、インスタント食品類、うま味調味料類、炭酸飲料などは目の敵にされる一方で、黒砂糖や蜂蜜、低温殺菌牛乳、〝有精卵〟は推奨されます。

▼フードファディズムとニセ科学

前項の①のフードファディズムは、話題となった食品に生ずる「売り切れ・品切れ騒動」ともいえますが、それ自体は社会現象であり、自然科学というより社会学領域の問題です。

しかし、納豆やバナナに「食べれば痩せる」という物質は含まれていません。含まれていないにもかかわらず、一見「科学的」な説明がなされ、それを自分なりに納得した少なからぬ人々が買いに走ったために「売り切れ・品切れ騒動」が起きたと思われます。したがって、このような社会現象が起きる根底には〝ニセ科学〟の存在があります。

②、③は、ニセ科学そのものです。量を無視した「体に良い・悪い論」はいたるところで展開されていますし、「自然・天然崇拝」も同様です。

そのほか、「食べる・飲む＝吸収」としてしまう強引な論もあれば、「試みた」程度のことを「実験した」と称する「実験もどき」も、健康情報娯楽テレビ番組ではよく見かけます。さらに、コラーゲンや酵素を経口的に摂取することで、あたかも体の中でその生理作用を発現するかのような論もあちこちで見かけます。

食の領域では「科学的」を装ったニセ科学を軸にフードファディズムが展開され、メディアリテラシーの未熟さがその蔓延を助長している構図があります。

いわゆる「健康食品」は、「ありもしない効果をあるかのように言い募る」というフードファディズムに満ちていますが、保健機能食品にも似たようなものが少なくありません。本書で子細に見てきたとおり、トクホや機能性表示食品の機能性はわずかなものでしかありません。それにもかかわらず、「大きな効果」があるかのように宣伝するのは、もはやフードファディズムの領域に入り込んでいるといえましょう。

！終－２　ヒトは雑食性の生物

▼動物性食品と植物性食品

ヒトは雑食性の生物ですから、動物性食品も植物性食品もまんべんなく食べることが必要です。ところが、「動物性食品よりも植物性食品のほうが体に良い」という思い込みが、かなり多くの人たちのあいだに蔓延しています。この思い込みを私は「植物性神話」と名づけています。

１９９６年に私が行った２２５４名（男性２０２名、女性２０５２名、30～40歳代が９割強）を対象とした調査でも、「食品は一般に動物性より植物性のほうが体に良い」と思う人が全体の86パーセントを占めていました。「植物性神話」が蔓延していることを象徴する調査結果でした。

これまでの研究の蓄積から、動物性食品に偏った食生活を続けることで、健康上の問題が出やすいことはおそらく事実だと思いますが、植物性食品だけの食事にも問題があります。反対に、

「炭水化物は毒だ、動物性食品食べ放題万歳！」のような極端な論も根強い人気があります。この論を実践する人たちは「植物性神話」とは無縁なのか、それとも炭水化物は嫌いながら「植物性神話」は信奉しているのか、いずれ調査してみたいと考えています。

一般論としては、食品を植物性と動物性に大きく二分することには、栄養学的に意味がありません。タンパク質を構成するアミノ酸の種類や、油脂を構成する脂肪酸の種類が植物と動物では異なる特徴をもっていますし、どちらか一方にしか含まれない成分もあるからです。

米や小麦などの穀類、大豆や小豆などの豆類、野菜や果物などが代表的な植物性食品です。また、砂糖はサトウキビやサトウダイコンに含まれるショ糖を、コーンスターチはトウモロコシに含まれるデンプンを、植物油は大豆やゴマ、ナタネなどに含まれる脂質をそれぞれ抽出・精製したものですから、これらの食品類も植物性食品です。

一方、肉や魚介類、卵、牛乳などが動物性食品です。さらに牛乳を原料とするチーズや牛乳中の脂肪を集めたバターも動物性食品です。豚の脂肪を精製したラードや牛の脂肪を精製したヘット、また、動物の骨や腱などに含まれるコラーゲンを熱水抽出して精製したゼラチンも動物性食品です。

なお、海草は藻類に、キノコ類はカビや酵母類をひっくるめて菌類に属しますので、厳密にいえば海草は「藻類食品」、キノコ類は「菌類食品」ということになりますが、便宜的に植物性食品に区分されています。

以下、植物性食品と動物性食品に含まれる栄養成分の違いについて、個々に見ていきましょう。

▼タンパク質は?

まず、タンパク質です。

タンパク質は約20種類のアミノ酸がたくさん結合した物質です。この、約20種類のアミノ酸のうち、人体内で合成できるアミノ酸を「非必須アミノ酸」とよび、体内では合成できない、または合成量が少ないアミノ酸を「必須アミノ酸」といいます。

生命活動に必要なタンパク質はすべて、私たちの体の中で合成されますが、その際、必須アミノ酸のどれか一つが不足してもタンパク質合成はうまく行われません。したがって、必須アミノ酸は食物から不足しないように摂取しなければなりません。食物からの摂取が「必須」だから必須アミノ酸とよばれるわけです。すべての必須アミノ酸を十分量含むタンパク質を「良質のタンパク質」といい、この摂取はきわめて大切です。

タンパク質の主な供給源は、動物性食品全般と植物性食品のうちの大豆やインゲン豆などの豆類、米や小麦などの穀類です。肉、魚、卵、牛乳などに含まれるタンパク質はすべての必須アミノ酸を十分量含む良質のタンパク質ですが、穀類のタンパク質には必須アミノ酸の一つであるリジンが不足しています。

豆類のタンパク質はイオウを含むアミノ酸（「含硫アミノ酸」といいます）が不足気味で、大豆のタンパク質だけがぎりぎり基準値以上を含んでいるので良質のタンパク質と判定されますが、その他の豆類は良質のタンパク源とはいえません。

豆類に少ない含硫アミノ酸が穀類には多く、穀類に不足するリジンが豆類には多いという特徴がありますので、穀類と豆類を上手に組み合わせて食べるとお互いに不足する必須アミノ酸を補い合うことは一応できますが、動物性食品を摂らずに必須アミノ酸を十分確保するのはけっこう大変です。

▼脂質は？

次は脂質の特徴です。

脂質とは、水には溶けず、アルコールやエーテル、クロロホルムなどの有機溶媒に溶ける物質をひとまとめにしたよび方です。たくさんの物質が脂質に属しますが、食生活との関連が深いのは、油や脂肪を意味する油脂とコレステロールです。

食用油や豚肉・牛肉に含まれる脂肪を一般的に「油脂」といっています。油脂は、1分子のグリセリンに脂肪酸という物質3分子が結合したものです。「脂肪酸」は、鎖状につながった炭素とそれに結合する水素から成る化合物で、炭素数や二重結合の有無、数、位置の違いによって数多くの種類が存在します。油脂の性状や生理作用は、それぞれの油脂を構成する脂肪酸の種類によって異なります。

脂肪酸は一般に、二重結合をもたない「飽和脂肪酸」、二重結合を1個有する「一価不飽和脂肪酸」、2個以上有する「多価不飽和脂肪酸」に分けられ、さらに多価不飽和脂肪酸は二重結合の位置によって「n-3系脂肪酸」(ω《オメガ》-3系脂肪酸ともよばれ、αリノレン酸、EPA、DHAなどが含まれる)と「n-6系脂肪酸」(ω-6系脂肪酸ともよばれ、リノール酸などが含まれる)に分けられます。

上記をふまえて、現時点では脂肪酸は飽和脂肪酸、一価不飽和脂肪酸、n-3系脂肪酸、n-6系脂肪酸という四つのグループに分けて、それぞれの生理作用などが論じられることが多いと理解してください。その油脂に多価不飽和脂肪酸が多いと液体状で「油」、飽和脂肪酸が多いと固体状で「脂肪」と慣習的によばれています。

一般的に、植物性食品の油脂は飽和脂肪酸が少ない一方、多価不飽和脂肪酸が多く、動物性食品の中の魚の油脂は飽和脂肪酸と多価不飽和脂肪酸(n-3系脂肪酸)がほぼ同じ、そして動物性食品の中の肉・卵・牛乳の油脂は飽和脂肪酸が多い一方、多価不飽和脂肪酸が少ない、という特徴があります。

ただし、例外もあります。オリーブ油は植物性ですが、一価不飽和脂肪酸であるオレイン酸が脂肪酸全体の75パーセントを占めています。また、ヤシ油（ココナッツオイル）も植物由来の油脂ですが、飽和脂肪酸が84パーセントを占めています。

油脂に関しては「植物油は体に良い、動物性脂肪は体に悪い」が一般常識化していますが、これは動物性油脂に飽和脂肪酸が多いことを指していわれているようです。確かに、多すぎる飽和脂肪酸はよくありませんが、摂らなければ摂らないほど良い、というものでもありません。特に、昨今は情報が錯綜し、複雑な言説が横行していますが、紙幅の関係でここでは論じません。

▼コレステロールは？

動物の生命活動に必須であり、動物の細胞膜を構成する重要な物質である「コレステロール」は、動物性食品のみに含まれます。私たちの体の中で合成されるため、食事からの摂取を考える必要はありません。しかし、コレステロールが極端に少ない食事＝動物性食品が少なすぎる食事ですので、見直しが必要です。

前述のとおり、コレステロールは動物だけに含まれる物質です。植物油に「コレステロールゼロ」と書いてあるのをしばしば目にしますが、植物油であればコレステロールが含まれないのは当然で、わざわざ書く必要のないことです。野菜ジュースに、豆腐に、米飯に、もし「コレステロールゼロ」と書いてあったら、どこかヘンだと思いませんか。そういうことなのです。

▼ビタミンは?

続いてビタミンです。

「野菜や果物を十分食べていればビタミン不足は起こらない」という思い込みがあるようです。ところがこれは、事実とは異なります。ビタミンCや葉酸などは、確かに野菜や果物からのほうが摂取しやすいビタミンです。

しかし、ビタミンB_{12}は動物性食品にしか含まれません。ビタミンDは動物性食品とキノコにしか含まれません。玄米や全粒粉の小麦粉でつくったパンやナッツ類を摂取すればビタミンB_{12}以外のB群ビタミンは補給できますが、ビタミンB_{12}は肉、卵、牛乳などからしか摂取できないのです。

▼無機質は?

無機質はミネラルともいい、鉄やカルシウムなどを指しています。

大豆には鉄が多く、緑黄色野菜にはカルシウムも多いので、鉄とカルシウムは植物性食品だけでも十分に摂取できるように見えます。しかし、動物性食品に含まれる鉄やカルシウムよりも吸収性が悪いと考えられており、植物性食品からだけでは亜鉛やヨウ素も不足しやすいとされています。

＊

以上が、植物性食品と動物性食品に含まれる栄養成分の違いです。動物性食品にしか含まれない必須栄養素があることを意外に思われた方もいらっしゃるのではないでしょうか。

▼野菜代わりの野菜ジュース!?

ところで、ビタミンや無機質の供給源として、摂取量を増やしたい食品グループの一つに野菜類があります。

「野菜不足の補いに野菜ジュースをどうぞ」という広告もよく見かけますが、実は、野菜ジュースを飲んだからといって、野菜を食べる代わりにはなりません。野菜ジュースの原料はもちろん野菜ですが、野菜の絞り汁だけを集めたものです。そのため、絞り汁に入り込めない絞りかすが取り除かれてしまうからです。食物繊維やカルシウムが絞りかすに多く残ることは、国民生活センターの実験でも確かめられています（「野菜系飲料等の商品テスト結果――手軽に野菜が摂れるとうたったものを中心に」〈http://www.kokusen.go.jp/news/data/n-20001106_1.html〉）。

そもそもなぜ、野菜を食べることが推奨されるのでしょうか？「野菜の摂取が大切」といわれる理由を、大きく四つに分けてみました。

まず最初に、「体内に吸収されて重要な役割を果たす物質が摂取できる」ことが挙げられます。ビタミン類やミネラル類はもちろん、昨今では、ポリフェノール類をはじめとする多様な微量成分の含有が注目されています。

二つめとして、「食物繊維を摂取できる」ことがあります。食物繊維それ自体は消化・吸収されず、消化管内を通過することに意味があります。食物成分の消化を少し邪魔することで糖や脂質の吸収をいくらか遅らせ、それが結果的に、心筋梗塞や脳卒中、糖尿病の発症リスクを低下させると考えられています。

また、食物繊維は糞便量を増やし、消化管を刺激するので、便通を良好にするのにも役割を果たしています。350g程度の野菜を食べると、およそ5gの食物繊維が摂取できます。

三つめは、「食事のカサを増やせる」ことです。野菜は水分や食物繊維が多いので、野菜を豊富に採り入れた献立は見かけの食事量が多くなります。その結果、エネルギーを過剰摂取することなく、満腹感を得ることにつながります。ただし、このことは小食の人や食欲不振の人にはマイナスに働いてしまうので注意が必要です。

最後の四つめは「食事を彩《いろど》ってくれる」ことです。野菜は種類がとても多く、いつでも手に入るものだけでなく、季節性の高い野菜もあり、それぞれが特有の味や香り、歯触り等を提供してくれることで、食卓を豊かにしてくれます。

▼野菜そのものにも注目しましょう

「30種類の野菜350g分を使用した」と称する野菜ジュースがあります。「30種類の野菜」は原材料名欄に記載されていますが、それぞれの野菜の使用量は不明です。そこで、「350g÷30＝11・7g」と計算し、各野菜を11・7gずつ食べた場合の栄養価計算をした結果が表終－1です。この製品のウェブ上の栄養表示と比較すると、食物繊維やカルシウム、鉄等が、固形の野菜として食べた場合よりかなり少ないことがわかります。一方、糖質はほぼ全量が液汁に移行しています。

野菜ジュースを飲んで補給できるのは、液汁に移行可能な糖質やナトリウム、カリウムのような成分だけです。そして、野菜ジュースは必ずしも、低カロリー飲料ではありません。このことを承知のうえで、多種多様な嗜好飲料の一つとしてお楽しみいただきたいと思います。

野菜ジュースは絞りかす以外の野菜成分を含む、それなりに栄養価値のある飲料です。しかし、野菜を食べる今日的意味を考えれば、「野菜ジュースを飲んでも、野菜を食べた代わりにはならない」ことがおわかりいただけるのではないでしょうか。

終-1 野菜ジュースの栄養価

		ジュース200mLあたり（ウェブサイト記載値）	350g÷30=11.7g 各野菜11.7gを食べた場合	野菜汁÷野菜を食べる
		A	B	A/B
エネルギー	kcal	69	122	0.57
タンパク質	g	2.4	7.9	0.30
脂質	g	0	0.7	0.00
糖質	g	13.7	13.6	1.00
食物繊維	g	1.2～2.9	11.8	0.10～0.25
カルシウム	mg	27～66	255	0.11～0.26
カリウム	mg	700	1400	0.50
鉄	mg	0.2～1.8	3.9	0.05～0.46
マグネシウム	mg	33	84	0.39
ビタミンE	mg	2.7	5.0	0.54
葉酸	μg	10～83	356	0.03～0.23
β-カロテン	mg	4～15	7.7	0.52～1.95

「日本食品標準成分表2015年版（七訂）」による計算

「野菜を食べたがらないからその代わりに」と、お子さんに野菜ジュースを飲ませている親御さんには、ぜひ今一度、考え直してみていただきたいと思います。野菜ジュースは複数の野菜を原料にしているとはいえ、口当たり良く、おいしく調製された液汁です。一方、野菜にはたくさんの種類があり、調理法も味わいも多岐にわたります。

お子さん自身が野菜本来の味に慣れ親しんでいく機会を大切にしてください。今、食べないからといって食卓に載せないのではなく、多種多様な野菜が存在すること、そしてそれぞれの食べ方や味わい方があることを子どもに提示していくことも、大人の責任の一つではないでしょうか。

咀嚼《そしゃく》や嚥下《えんげ》(飲み込み)に問題があって野菜を食べにくいという方は、野菜を柔らかく調理してください。そして、細かく刻む、スプーンでつぶす、あるいはミキサーにかけるなどして野菜全体を味わう工夫をされてみてはいかがでしょうか。

▼動物性食品忌避の問題点

菜食主義者を一般に「ベジタリアン」(vegetarian)といいますが、菜食主義(vegetarianism)は動物を殺さないという思想・信条です。単に肉を食べるか食べないかというレベルの話ではなく、生き方全体に関わる主義です。

一方で、食生活の営み方が通常とは異なる側面をもつため、栄養学的な興味・関心の対象ともなってきました。ベジタリアンといっても、食べる食品類の範囲に差があり、いっさいの動物性食品を口にしないという完全菜食から、肉や魚は食べないけれど牛乳や卵は摂るというベジタリアンまで、幅があります。

あらゆる動物性食品、すなわち肉、魚、卵、乳のすべてを食生活から排除するのが「ビーガン」(vegan) で、完全菜食です。厳格なビーガンは食事だけでなく、衣類や生活用品すべてに動物を原料とするものは使わないとされています。

これよりも緩やかな食べ方、すなわち、動物性食品のうち、動物を殺さずに得られる卵を食べる人を「オボベジタリアン」といいます。オボは卵を意味します。乳も動物を殺すわけではないので、乳・乳製品を食べる人は乳を意味するラクトをつけて「ラクトベジタリアン」とよばれます。卵と乳・乳製品の両方を食べる人が「オボラクトベジタリアン」です。

卵と乳を利用するオボラクトベジタリアンに関しては、注意深く行えば健康上の問題はあまりないと考えてかまわないようですが、卵だけ、乳だけでは相当に注意が必要です。ましてや、厳格なビーガンは、大人でも栄養不良に陥るリスクがあります。また、女性では骨密度が低くなるという研究報告もあります。

ビーガンは、不足してしまうビタミンB_{12}やビタミンDを補うために錠剤を飲むようにと指導されていますが、このような補助が必要ということは、結局のところ、純然たる植物性食品だけでは健康維持は難しいことを物語っています。

また、一般に、植物性食品は動物性食品よりも水分や消化されにくい食物繊維などの成分が多いために、十分な栄養素を植物性食品だけで摂取しようとすると食事のカサがかなり多くなります。このことは、食欲旺盛な人には食べすぎを防ぐ利点となりますが、食欲のない人ではとても食べきれる量ではなくなるという欠点になります。

▼乳幼児を栄養不良に陥れてはいけません！

ここまでは大人を想定した話でした。動物性食品を嫌うのもフードファディズムの一つですが、ライフステージを考慮せずにいっさいの動物性食品を避けるのは危険です。

乳幼児は、食生活のすべてを大人、特に親に委ねています。その親がこの種の、動物性食品を避ける食事法を子どもにまで実践したために栄養不良に陥らせてしまった事例が多々あります。日本人の考案による「マクロビオティック」という食事法もまた、動物性食品を避ける点で栄養問題を発生させています。

先述のように、ビタミンB_{12}やビタミンDは野菜や果物、穀類、豆類には含まれていません。したがって、完全菜食ではこれらの不足が生じ、それに伴う障害が発生します。

ビーガン食はいっさいの動物性食品を食べない完全菜食です。これを実践している母親は、自身のビタミンB_{12}やビタミンDがもともと不足気味なので、妊娠中の胎児に届くこれらのビタミン量も少なくなります。結果として、完全菜食の母親から生まれた子どもは、誕生の時点でそれらビタミンの体内保有量がふつうの新生児に比べてきわめて少ないといわれています。

さらには、母乳中にもそれらのビタミンが少ないことで、生後数ヵ月の時期からその欠乏症状が現れることが報告されています。ビタミンB_{12}は、核酸の成分であるＤＮＡやＲＮＡの合成に必須であり、細胞分裂が盛んな乳幼児期にこれが欠乏することは、脳機能を含めた発育全般に悪影響を及ぼします。ビタミンＤの不足は、腸管からのカルシウム吸収に悪影響して正常な骨の発達を妨げ、くる病を引き起こします。

これも先述のとおり、すべての必須アミノ酸を十分量含む「良質のタンパク質」は、多くの動物性タンパクが該当しますが、植物性タンパクでは大豆に限られます。植物に限定した食生活では、タンパク質が量的に不足するだけでなく、質的な面でも必須アミノ酸が決定的に不足してしまうために、「クワシオコール」という栄養不良を引き起こします。このほか、植物に限定する食生活でカルシウムや鉄の不足による問題が起きています。

なお、クワシオコールは、動物性食品が少ないことで動物性タンパクが不足し、高炭水化物・低タンパク食となってしまうために離乳期以降の１〜３歳児に起こりやすい、成長障害と浮腫を特徴とする栄養不良です。

クワシオコールは経済的に貧しい国々にとっての大きな問題ですが、経済的に豊かな先進工業諸国においても、完全菜食の親に育てられる子に起きています。また、子どもをアトピー性皮膚炎と自己判断した親によって引き起こされる栄養不良の例も後を絶ちません。乳アレルギーの乳幼児に加水分解乳やアミノ酸乳などのような適切な代替品ではなく、ビーガン向けの〝ライスミルク〟と称するコメ加工飲料を与えて深刻な栄養不良を招いている例もあります。

▼ヒトは従属栄養生物

人間をはじめとする動物は、独立栄養生物である緑色植物が合成した各種の有機物を摂取しなければ生きていけない「従属栄養生物」です。草食動物のように植物だけを食べて活動できるものもいますが、人間は基本的に動植物両方を食物とする雑食性の生物です。

数千年前の遺跡の発掘調査からも、人間がいろいろな動植物を食べていたらしいことが推測されています。特に、成長期の子どもには十分量の動物性食品が必要であり、不足すれば栄養不良を招き、成長に悪影響を及ぼします。

子どもの栄養不良は一般的には貧困に伴うものが多く、貧しい人々あるいは発展途上国における「食べるに事欠く」人々に限定されるものでした。こちらは早急に解決されなければならない大問題ですが、「食べるに事欠かない」先進工業諸国において、誤った食情報が原因となって栄養不良が起こることは、きわめて残念なことです。

主義として完全菜食を行うのは個人の自由ですが、健康のためにというのであれば、それは違うと思います。完全菜食者に心臓血管系疾患やある種のがんが少ないことは事実のようですが、その種の病気の危険が少ないことだけが健康の証ではありません。現時点の科学では解明されていない、多様な食品からもたらされる未知の恩恵もあるはずです。ましてや、成長期の子どもたちに完全菜食を実践させるのは、百害あって一利無しというべきでしょう。

とはいえ、動物性食品をたくさん食べている人がその食生活を改善するために植物性食品の良さを見直し、採り入れることは望ましいことです。穀類の摂取を尊重し、豆類を摂取する習慣を取り戻した食生活です。主食としての穀類を献立の中心に置き、野菜や果物、大豆製品、海草などをふんだんに利用し、さらに多くなりすぎない量の肉や魚、卵や牛乳を組み合わせた植物豊富な食べ方が健康的な食生活の基本です。

繰り返しになりますが、ヒトという生物は雑食性です。植物性食品も動物性食品も適度な量を食べることが必要なのです。

終−3 「何を」「どのくらい」食べるか

何度も繰り返し指摘しているように、健康と食生活は深く関わりますが、「これさえ食べれば健康万全」という食品はありません。あるのは「健康維持に役立つ食事」ですが、残念ながら「食事さえ良くすれば病気にならない」ともいえません。

良好な食生活で守られる健康の範囲は広いのですが、食生活が関与しない病気もまたたくさん存在します。地に足の着いた食生活を送るために必要なことを考えましょう。

▼日本人の食事摂取基準

健康維持を考えた食生活の基本は、必要な栄養素を過不足なく摂取することです。しかし、何をどれぐらい、どう食べればいいのか、これがわかりにくく見えにくいのが実状です。

でも、難しく考えないでください。

「米飯、味噌汁、肉か魚の一皿、野菜一皿」という考え方でもけっこうです。あるいは「主食としての穀類、主菜としての動物性食品、副菜としての植物性食品」を適度な量で食べましょうという表現でもいいと思います。

食品グループに着目すると「穀類、豆・豆製品、イモ類、果物、肉、魚、牛乳・乳製品、卵、油脂を適度な量で、そして野菜や海草、キノコ類などを豊富に食べましょう」ともいえます。

厚生労働省は、「日本人の食事摂取基準○年版」を発表し、各種栄養業務のガイドラインとしています。以前は「日本人の栄養所要量」といっていたものです。現在は「日本人の食事摂取基準(2015年版)」が使われています(2020年3月末まで)。

社会状況の変化や科学的知見の更新をふまえ、5年ごとに改訂されますが、内容の変更は大きいときもあれば、比較的小さなときもあります。2015年版では、生活習慣病の発症予防とともに重症化予防が加えられ、大きな改訂が行われたといえましょう。

この策定方針には、「健康な個人並びに集団を対象として、国民の健康の保持・増進、生活習慣病の予防のために参照するエネルギー及び栄養素の摂取量の基準を示すものである」と書かれています。要するに、「健康の保持・増進、生活習慣病を予防するうえで摂取することが望ましいエネルギーと各種栄養素の量の基準」を示したもので、「適切に食べるとはどのようなものか」を考える際の確実な拠りどころとなるものです。

ただし、「食事摂取基準」といいながら、食品や食事のことについて具体的なことは何も書かれていません。そこで、これに基づいて適正量のエネルギーや栄養素を摂取するため、具体的に「どのような食品をどれくらい食べるのか」を考える必要があり、それを「食品構成」といいます。

▼食品構成とは

考え方や嗜好によって多様な食品構成があり得ますが、栄養素の含まれ方の特徴によって食品をグループ分けして考えます。私がつくった成人向けの食品構成（表終－2）と、この食材を使った一日分の献立（表終－3）を紹介します。成人に必要な栄養素がほぼ摂取できる1800キロカロリーの一日分の食品構成です。

消費エネルギーは個人差が大きく、1800キロカロリーでは足りない人も、多すぎる人もいます。そこで、このような食品構成を基に、エネルギーの増減は穀類や砂糖、油の量で調整します。

エネルギーがもっと必要な人は、肉や魚ではなく穀類を増やします。甘いものやアルコール飲料をプラスしてもかまいません。エネルギーがもっと少なくていい人は、穀類や砂糖、油を減らしたり、豚ひき肉をモモ赤身肉に、牛乳やヨーグルトを低脂肪製品に替えてもOKです。

これが「適度に食べる」の一例です。この食品類の組み合わせで、タンパク質64g、脂質50g、カルシウム611㎎、食物繊維20gを摂ることができます。その他のビタミンやミネラルも、ほぼ適正量の摂取となっています。

	脂質(g)	カリウム(mg)	カルシウム(mg)	鉄(mg)	葉酸(μg)	ビタミンC(mg)	食物繊維(g)
	2.0	198	11	1.8	27	0	1.1
	0.3	43	4	0.3	2	0	2.4
	1.6	140	6	0.2	8	0	0
	6.0	124	2	0.4	1	0	0
	3.8	150	110	0.0	5	1	0
	3.0	170	120	0.0	11	1	0
	5.2	65	26	0.9	22	0	0
	2.1	70	60	0.5	6	0	0.2
	4.0	264	36	1.3	48	0	2.7
	0.1	250	85	1.4	55	20	1.0
	0.1	135	14	0.1	12	3	1.3
	0.1	145	6	0.2	18	16	0.7
	0.1	100	22	0.2	39	21	0.9
	0.1	100	13	0.2	13	7	0.6
	0.1	75	11	0.1	8	6	0.8
	0.1	115	12	0.1	17	4	0.7
	0.0	160	27	0.5	5	1	1.0
	0.1	85	9	0.2	45	31	0.7
	0.2	210	23	0.0	23	54	0.9
	0.1	205	2	0.2	11	18	0.7
	0.0	0	0	0.0	0	0	0
	20.0	0	0	0.0	0	0	0
	0.0	17	22	0.2	1	0	1.1
	0.1	170	0	0.6	38	0	2.0
	0.1	62	3	0.2	24	0	0.6
	0.0	4	8	0.1	0	0	0.4
	49.3	3057	632	9.7	439	183	19.8

「日本食品標準成分表2015年版(七訂)」で計算

終-2 大人向けの食品構成の例

食品群	食品	量(g)	熱量(kcal)	タンパク質(g)
①穀類	精白米	225	801	13.7
	押し麦	25	85	1.6
②魚介・肉類	サケ	40	53	8.9
	豚ひき肉	40	88	7.4
③乳・乳製品	牛乳	100	67	3.3
	ヨーグルト	100	62	3.6
④卵類	鶏卵	50	76	6.2
⑤大豆・豆製品	豆腐	50	36	3.3
	納豆	40	80	6.6
⑥野菜類	小松菜	50	7	0.8
	ニンジン	50	19	0.3
	ミニトマト	50	15	0.6
	キャベツ	50	12	0.7
	キュウリ	50	7	0.5
	タマネギ	50	19	0.5
	大根	50	9	0.2
	切り干し大根	5	14	0.3
⑦果物	イチゴ	50	17	0.5
	グレープフルーツ	150	57	1.4
⑧イモ類	ジャガイモ	50	38	0.8
⑨砂糖類	砂糖	10	38	0
⑩油脂類	調合油(サラダ油)	20	184	0
⑪その他	コンニャク	50	3	0.1
	エノキダケ	50	11	1.4
	干し海苔	2	3	0.8
	ワカメ(乾)	1	1	0.2
合計		1408	1802	63.7

終-3　一日分の献立の例　終-2の食材を使ったもの

朝食

献立	材料	量(g)
米飯	精白米	72
	押し麦	8
味噌汁	ジャガイモ	40
	ワカメ	1
	ミソ	
納豆	納豆	40
	刻みタマネギ	20
煮浸し*	キャベツ	50
	小松菜	25
	サラダ油	5
ヨーグルト	ヨーグルト	100
	砂糖	5

昼食

献立	材料	量(g)
にぎりめし	精白米	81
	押し麦	9
	サケ	40
	焼き海苔	2
サラダ**	ミニトマト	50
	キュウリ	50
	ゆで卵	50
	サラダ油	10
牛乳	牛乳	100
グレープフルーツ		150

夕食

献立	材料	量(g)
米飯	精白米	72
	押し麦	8
肉団子鍋	豚ひき肉	40
	タマネギ	30
	小松菜	25
	大根	50
	エノキダケ	50
	コンニャク	50
	豆腐	50
	サラダ油	5
	砂糖、醤油	各々5
切り干し煮	ニンジン	50
	切り干し大根	5
イチゴ		50

*ほかに醤油、削り節　**ごま油と醤油と酢を加えたドレッシングで

▼太るも痩せるも「エネルギー収支の長期結果」

この食材でつくる献立例を見ると、今時の感覚ではかなり質素な食事です。健康な人はもっとたくさん食べてかまいませんが、食生活の見直しや改善が必要となったときは、このスタート地点に立ち返ってください。ご自身が適切に食べているか否か、この食品構成を一つの「ものさし」として利用していただければと思います。

なお、この食品構成は調味料については考慮しておらず、したがって食塩相当量については考えていません。ナトリウムの食事摂取基準は食塩に相当する量、すなわち「食塩相当量」としての目標量があり、12歳以上の男性は一日あたり8・0g未満、10歳以上の女性は7・0g未満とされています。

国民健康・栄養調査結果（2014年）における20歳以上の食塩摂取量は、男性では10・9g、女性では9・2gです。現状より2〜3g減らす必要があり、これはとても大変なことです。個人的努力はもちろん大事ですが、それだけではかなり難しく、食品産業や外食産業と連動して減塩に取り組むことが必須です。機能性表示食品制度を創設するよりも、産業を巻き込んだ減塩対策が最優先課題であるはずですが、その動きは鈍く見えます。

また、食品構成を一日あたりで示しましたが、毎日このようにきっちり食べないといけないというものではありません。「日本人の食事摂取基準」にも、「『1日当たり』を単位として表現したが短期間（たとえば1日間）の食事の基準を示すものではない」とあります。

というのも、栄養素摂取量は日間変動が大きく、栄養素の過不足に伴う健康障害が生ずるまでに要する期間もさまざまです。したがって、一概にはいえないけれど、1ヵ月間程度で考えてほしいとする意図が添えられています。

1ヵ月は少々長く、何を食べたかを忘れてしまいそうなので、1週間を平均してこれくらいになるような食べ方でいいのではないかと思います。1週間でも長いと感じる方は、3日サイクルにして、「昨日食べすぎたから今日は控えておこう」とか「昨日は貧弱だったから今日はまともに」のように、おおざっぱに考えてもかまいません。

自分は適切に食べているかなと不安に思ったら、いろいろな食品構成がありうることをふまえて、ご自身の食生活パターンに近いものを探して、点検してみてください。

魅惑的な食べものに囲まれ、身体活動量が少ない現代は、少し油断すると肥満する人がたくさんいます。適正な体重を維持管理することは、健康を保つうえでの基本です。適正体重である人はその維持を、体重過小・過多の人は長期的な適正化計画を立てましょう。

肝に銘じていただきたいのは、「太るも痩せるもエネルギー収支の長期結果」です。摂取と消費のエネルギー収支をマイナス100キロカロリーにすれば、10g強の体脂肪が減ります。20

00キロカロリー必要な人が1800キロカロリーの食事を半年間続けると4kg近い「体脂肪だけ」が減る計算となります。逆もまた然りです。

ご自分のふだんの食べ方に「偏り」はありませんか？　食事法に関しては諸説ありますが、特定の食品をほめそやしたり、排斥する方法には栄養学的に見て問題のあるものが少なくありません。一夜にして太ることはなく、一夜にして痩せることもまたありえません。

適切に食べること、すなわち「ふつうに」食べることこそが健康を保つ基本です。

＊

健康の維持増進の3要素は、非喫煙を前提とし受動喫煙からも身を守ったうえでの、「栄養」「運動」「休養」です。健康維持は「食」だけではどうにもなりません。「休養」と「運動」をないがしろにしたツケを「食」の部分で払えるといいなという思いが、食に過大な期待を抱かせる機能性幻想を生み、フードファディズムを蔓延させています。

世の中には、いろいろな期待や願望があります。

「我慢しないで・好き放題に・飲んでも食べても・太らない」――こういうものがあるといいなあ、という願望に対して、「ありますよ〜。ほら、これが……」という誘惑があふれています。

でも、残念ながら「これさえ飲めば食事は気まま」というものは存在しません。「適度に動く・寝る・食べる・健康管理の基礎基本」しかないのです。これで体調の自己管理をするしかないのです。

何でも簡単に買える世の中ですから、「健康」さえも「買える」かのような錯覚に陥ってしまうのも致し方ない部分があるのかもしれません。最後に、「まじめな」消費者であることをみなさんにご提案して、本書を閉じることにします。

おわりに

ちまたにあふれる健康に関連する食情報を「フードファディズム」という概念で考察した『「食べもの情報」ウソ・ホント』（講談社ブルーバックス）を上梓したのは１９９８年10月でした。その５年後の２００３年９月に、続編として『「食べもの神話」の落とし穴』を刊行して以来、13年を経た現在もなお、食情報の氾濫は衰えるどころかますます勢いを増しているかのように見えます。これには、インターネットの普及が拍車をかけている側面もあるかもしれません。

私自身も年齢を重ねて高齢者の一人となり、２０１４年３月末には食生活教育を26年間担当した群馬大学教育学部を定年退職しました。現在は「食品の広告問題研究会」をつくり、主として食生活教育の視点から、食品の宣伝広告の問題点を考察する活動を続けています。

振り返ってみれば、食情報の問題に関わり始めたきっかけは私が教育学部の教員だったことによります。食物・栄養を専門とする学部ではないため、限られた授業時間内で食領域の基礎知識を系統的に講義しなければなりません。「世間に流布するウソもホントも入り交じるウワサ的な食情報がまっとうな教育の邪魔をしている、これを何とかしなければ」という必要性に迫られてのことでした。

「健康食品」類に対する批判もまた、「健康食品」が食生活教育を混乱させるものであるとの思いから始めたことでした。健康をそれなりに考慮して適切に食べることは、決して難しいことでも、お金がかかることでもありません。それにもかかわらず、それがとても大変なことであるかのように「健康食品」の広告は煽ります。これを私は「タイヘン感の煽り」と称しています。

ある「青汁」商品の広告は、2・5kg（350g×7日分の意）相当の野菜を並べた画像を示し、「一週間にこんなに野菜を食べるのは大変！　だからこの青汁を‼」と広告していました。その「青汁」商品を利用しても、決してそれだけの量の野菜を食べた代わりにはならないにもかかわらず、です。

キュウリ1本とトマト1個程度で約250gあります。切るのが面倒なら丸かじりしてもいいのです。コンビニのおでんの大根1個は約100gあります。「野菜を一日に350g食べる」のは、少しの知恵と工夫でできることなのに、とても難しいかのように思わせて、自社の商品をアピールしているのです。

「一日に60gのタンパク質」にしても、終章で紹介した程度の食品構成で摂取できてしまうのです。今の日本では、少し油断するとタンパク質を過剰に摂取してしまう人が少なくありません。それにもかかわらず、「高齢者にはタンパク質不足が多い、たくさん食べるように」との画一的な勧め方を最近よく耳にします。それに便乗するかのような、アミノ酸やタンパク質を配合した「健康食品」の広告も目にします。

他の栄養素と同じように、タンパク質もまた、余計に摂取すればいいというものではありません。十分すぎる量を摂取している人が少なくない現実を無視して、個々人の食生活の状況を評価しないままアミノ酸・タンパク質含有「健康食品」の摂取を勧めるのは無責任というものです。

『「食べもの情報」ウソ・ホント』の刊行からこんにちまでのあいだに、インターネットの普及のみならず、社会の状況は大きく変化しました。少子高齢化の進行で総人口が減少する時代となり、低迷する経済を打破するための経済活性化策が講じられてきました。

本書で見てきたとおり、「機能性表示食品」の登場もその一環です。保健機能食品の第一号であるトクホが発足して22年が経過した時点で、トクホが「特定の保健の用途に資する」ものであるのか否かを評価・検証することなく、トクホより簡単に機能性表示できる制度がつくられてしまったのです。

高齢社会を迎えた今、老いも若きも、そして病気があってもなくても、少なからぬ人々が健康に関して漠然とした不安を抱いています。わずかな、あるいはほとんど存在しない「効能・効果」を過大に期待させる広告を目にして、「健康食品」で健康が得られるのなら、あるいは認知症をはじめとする種々の病を防げるのなら安いもの、と誤認する消費者は数多くいることでしょう。

その戦略が功を奏してか、「健康食品」市場は拡大・膨張を続けています。その現状の是正をはかるどころか、むしろ助長するかのような制度が機能性表示食品です。第3章で詳しくみたとおり、〝言った者勝ち〟の感がぬぐえないこの新たな制度の影響によって、将来、「健康食品」関連の疾患が増加していくのではないかと心配しています。

「健康食品」類の広告文言に誘惑されそうになったときには、ぜひとも適切な食生活の全体像に思いを馳せていただきたいと思います。そして、食生活だけでなく、運動と休養の重要性を思い出してください。何度も繰り返しますが、「栄養・運動・休養」の実践こそが、私たちの健康を良好に保ってくれるのですから。

最後に、本書の執筆を提案してくださり、出版にいたるまでの困難な道のりに確かな助言と大いなる励ましをくださった講談社ブルーバックス・倉田卓史氏に、心より深く感謝いたします。

２０１６年６月吉日

髙橋　久仁子

参考図書

『「食べもの情報」ウソ・ホント』髙橋久仁子、講談社、1998年

『コ・メディカルのための臨床医学』後藤由夫編、医薬ジャーナル社、2003年

『「食べもの神話」の落とし穴』髙橋久仁子、講談社、2003年

『ヒューマン・ニュートリション』細谷憲政日本語版監修代表、医歯薬出版、2004年

『食品－医薬品相互作用ハンドブック』城西大学薬学部医療栄養学科訳、丸善出版、2005年

『健康食品のすべて――ナチュラルメディシン・データベース』田中平三ほか監訳、同文書院、2006年

『健康食品・中毒百科』内藤裕史、丸善出版、2007年

『機能性食品の安全性ガイドブック』津志田藤二郎ほか編、サイエンスフォーラム、2007年

『健康食品データベース』（独）国立健康・栄養研究所監訳、第一出版、2007年

『フードファディズム』髙橋久仁子、中央法規出版、2007年

『機能性食品の作用と安全性百科』上野川修一ほか編、丸善出版、2012年

"Modern Nutrition in Health and Disease 11th ed.", edited by A. C. Ross et al. Lippincott Williams & Wilkins 2014

『最新栄養学〔第10版〕』木村修一・古野純典翻訳監修、建帛社、2014年

『日本人の食事摂取基準（2015年版）』菱田明・佐々木敏監修、第一出版、2014年

『日本食品標準成分表　2015年版（七訂）』文部科学省科学技術・学術審議会

資源調査分科会編、全国官報販売協同組合、2015年

『佐々木敏のデータはこう読む！』佐々木敏、女子栄養大学出版部、2015年

『「健康食品」のことがよくわかる本』畝山智香子、日本評論社、2016年

【た行】

【な行】

【さ行】

【か行】

さくいん

【保健機能食品】

【アルファベット】

【あ行】

N.D.C.498.5　254p　18cm

ブルーバックス　B-1972

「健康食品《けんこうしよくひん》」ウソ・ホント

「効能・効果」の科学的根拠を検証する

2016年 6 月20日　第1刷発行
2016年 7 月15日　第2刷発行

著者　髙《たか》橋《はし》久《く》仁《に》子《こ》
発行者　鈴木　哲
発行所　株式会社講談社
〒112-8001 東京都文京区音羽2-12-21
電話　出版　03-5395-3524
販売　03-5395-4415
業務　03-5395-3615
印刷所　(本文印刷) 慶昌堂印刷株式会社
(カバー表紙印刷) 信毎書籍印刷株式会社
製本所　株式会社国宝社

ISBN978－4－06－257972－8

発刊のことば

科学をあなたのポケットに

二十世紀最大の特色は、それが科学時代であるということです。科学は日に日に進歩を続け、止まるところを知りません。ひと昔前の夢物語もどんどん現実化しており、今やわれわれの生活のすべてが、科学によってゆり動かされているといっても過言ではないでしょう。

そのような背景を考えれば、学者や学生はもちろん、産業人も、セールスマンも、ジャーナリストも、家庭の主婦も、みんなが科学を知らなければ、時代の流れに逆らうことになるでしょう。

ブルーバックス発刊の意義と必然性はそこにあります。このシリーズは、読む人に科学的に物を考える習慣と、科学的に物を見る目を養っていただくことを最大の目標にしています。そのためには、単に原理や法則の解説に終始するのではなくて、政治や経済など、社会科学や人文科学にも関連させて、広い視野から問題を追究していきます。科学はむずかしいという先入観を改める表現と構成、それも類書にないブルーバックスの特色であると信じます。

一九六三年九月

野間省一